石油和化工行业“十四五”规划教材

化工原理实验

程远贵　主编

HUAGONG YUANLI SHIYAN

化学工业出版社

·北京·

内容简介

《化工原理实验》注重将理论与实践有机结合，通过实验让学生掌握实验研究方法和化工生产的单元操作技能，重点是强化基础，突出实验的工程性和实践性，培养学生的创新能力和综合解决工程问题的能力。全书共分8章，即绪论、工程实验研究方法、实验数据采集和处理、化工仪表、化工原理演示实验、化工原理仿真实验、化工原理综合实验、化工原理远程实验等。

本书可作为高等院校化工原理实验教材或教学参考书，亦可供从事化工实验研究的人员参考。

图书在版编目（CIP）数据

化工原理实验/程远贵主编. —北京：化学工业出版社，2024.5（2025.5重印）

ISBN 978-7-122-45194-1

Ⅰ. ①化… Ⅱ. ①程… Ⅲ. ①化工原理-实验-教材 Ⅳ. ①TQ02-33

中国国家版本馆CIP数据核字（2024）第049367号

责任编辑：任睿婷 徐雅妮　　文字编辑：胡艺艺
责任校对：王 静　　装帧设计：张 辉

出版发行：化学工业出版社
（北京市东城区青年湖南街13号 邮政编码100011）
印 装：北京建宏印刷有限公司
787mm×1092mm 1/16 印张9¾ 字数237千字
2025年5月北京第1版第2次印刷

购书咨询：010-64518888　　售后服务：010-64518899
网 址：http://www.cip.com.cn
凡购买本书，如有缺损质量问题，本社销售中心负责调换。

定 价：30.00元

前言

化工原理实验是一门以化工原理理论课程为基础，对化工单元操作过程和设备进行实验研究，综合运用化工原理基本理论和知识，分析、研究和解决化工单元操作过程中相关工程问题的实践性课程。课程通过化工原理理论、实验理论与设备相结合，验证化工过程中的一些基本理论，是学习、掌握和应用化工原理这门课的必要手段。

本书在《化工原理实验》(2016 版)的基础上，经过 6 年多的教学实践和实验装置建设与改造，引进实验教学改革的新成果，对原实验内容进行修订，并新增部分实验内容。本书进一步将实验内容拓展和加深，把理论与实践紧密结合，重点是强化基础，突出实验的工程性和实践性，利用化工过程技术、现代测试技术和实验研究方法等理论知识，分析、设计和操作典型化工单元设备，让学生在实验过程中去观察现象、分析问题，进而把理论运用于生产和生活中以解决实际问题，培养学生的工程观念和实验技能，培养学生严谨、实事求是的学风和创新意识，培养学生从事自然科学工作的基本素质，增强安全、健康、环保意识，提升学生综合解决工程问题的能力。

本书主要由绪论、工程实验研究方法、实验数据采集和处理、化工仪表、化工原理演示实验、化工原理仿真实验、化工原理综合实验、化工原理远程实验、附录等构成。介绍了化工原理实验任务，实验室的安全事项，解决工程问题的基本方法，如何正确、快速地进行实验数据的采集和处理，合格实验报告的书写以及常用化工仪表的使用。本书第 4 章和第 6 章一共有 17 个实操实验，涵盖了流体力学、传热、过滤、吸收、精馏、干燥和萃取等化工单元操作，同时将传统的和现代的化工测试技术贯穿于各实验中，使化工过程技术与设备技术紧密结合，侧重将错综复杂的工程现象还原成其本质过程。附录中涵盖了常用物理量单位和量纲、单位换算关系以及常见物质的物理性质。本书内容简明扼要、由浅入深，理论层次适中，可作为化学工程与工艺、制药工程、生物工程、材料科学与工程、食品科学与工程、环境科学与工程等专业的化工原理实验教材或教学参考书，亦可供从事化工实验研究的人员参考。

本书为“四川大学立项建设教材”，由程远贵主编。吴潘参与化工仪表章节的编写，田文参与部分实验内容的编写，左炀参与实验数据采集和处理、化工原理仿真实验的编写。在编写过程中，四川大学化学工程学院的前辈和同事们给予了大力的支持和帮助，在此向他们表示诚挚的感谢！同时，在编写过程中参考了其他院校的有关教材，对此向相关教材的作者也表示诚挚的感谢！

限于编者水平，不足之处在所难免，恳请读者批评指正，以便及时修正和补充。

编者

2023年12月

目录

0 绪论

化工原理实验课程通过将化工原理理论、实验操作与设备相结合，验证化工过程中的一些基本理论，是学习、掌握和应用化工原理这门课的必要手段。化工原理实验与其他实验（化学、物理）的明显区别在于它与化学工程技术问题结合紧密，属于工程实践性实验，对化工单元设备的操作或设计具有指导意义。通过化工原理实验教学，学生不仅能加深对所学化工原理基础知识的理解，而且能掌握典型单元设备及仪表的基本操作技能，掌握工程问题的研究方法和相关的数据处理方法，解决较复杂的工程问题，建立起一定的工程概念，在培养学生的工程能力、创新能力以及安全环保意识方面起着重要作用，为学生从事化工及相关领域的科学研究、技术开发工作和解决实际工程问题打下基础。

0.1 化工原理实验的课程目标

根据化工类专业人才培养计划对本科教学提出的指标要求，制定的化工原理实验课程目标如下：

① 树立实事求是的科学态度，严谨的科学作风，增强安全、健康和环境意识，掌握常见化工设备的结构和工作原理、仪表的测试技术和使用方法、专业技术文档编写的基本规范，能够根据实验内容和任务要求选择或设计可行的实验方案。

② 掌握工程问题的实验研究方法，能够根据问题进行分析，确定实验内容和任务要求，选用或搭建实验装置，安全地开展实验，准确测定和获取必要的实验数据。

③ 掌握化工实验数据采集和处理方法，有计划、有组织地进行实验操作，获得有效的实验数据，将实验数据进行数学关联，与理论模型或经验方程进行比较得到合理有效的结论，并对结论进行合理的分析和解释。

④ 采用现代化工技术、测试技术和计算机技术对化工单元操作进行预测与模拟，了解化工单元操作模拟的基本原理，掌握化工单元的操作和调节方法，能够根据不同的生产要求进行分析和操作。

为了达到上述目标，要求参加实验者必须严肃认真地对待实验教学中的每一个环节，充分利用现有资源预习好实验，主动、积极地进行实验操作，正确地采集实验数据，圆满完成实验项目，实验后撰写好每一份实验报告。

0.2 化工原理实验室规则

① 实验室是进行科学实验的场所，首次进入实验室需要接受实验室教师的安全培训，网上进行安全考试，合格者才能进入实验室。到实验室时应熟悉安全应急通道，进行实验时应保持安静，禁止在实验室内大声喧哗、追逐嬉玩。

② 实验人员必须以严肃认真、实事求是的态度进行实验，遵守实验室的各项规章制度，不得迟到、无故缺课，实验室内不得进行与实验无关的事。

③ 实验人员实验前应详细查阅实验有关资料，了解实验内容和任务要求、原理和操作注意事项，撰写预习报告，以保证实验任务顺利完成。没有准备的实验人员不得参加实验。

④ 实验人员需穿戴好安全防护用品，如实验服、防护镜和手套等，爱护实验设备和实验室其他设施。在未弄清实验设备的工作原理、使用说明和注意事项前，不得使用。

⑤ 实验操作过程中，注意电、液化气及有害药品的安全使用，并注意防火，实验室内严禁吸烟、精馏塔附近不准使用明火。启动电器设备时应防触电，注意电机有无异常声音。在保证完成实验要求的前提下，节约水、电、气以及化学药品等。禁止一切违反安全规则的操作。

⑥ 实验过程中注意保持实验环境的整洁，实验室内严禁吃东西、随地吐痰和丢垃圾。实验结束后应进行清洁和整理，将仪器设备恢复原状。

⑦ 实验人员应服从指导教师及实验室工作人员的指导。

0.3 化工原理实验室安全知识

安全是化工原理实验教学的重中之重，为了保证实验人员的人身安全，避免财产损失，每位实验人员在进入实验室前要认真学习安全知识，注重安全防范。化工原理实验与基础化学实验不同，它是一门实践性很强的基础课程。每一个实验相当于一个小型生产单元，由电器、仪表、设备、管件和阀件等有机地组合成一个整体，而且在实验过程中不免要接触易燃、易爆的物质，同时会接触高压、高温或低温操作，此外还涉及用电和仪表操作等方面的问题，所以要想有效实现实验目的就必须掌握一定的安全知识。

0.3.1 使用高压气瓶的安全知识

化工实验中所用的气体种类较多：一类是具有刺激性的气体，如氨气、氯气、二氧化硫气体等，这类气体的泄漏一般容易被发觉；另一类是无色无味，但有毒性或易燃、易爆的气体，如氢气在室温下空气中的爆炸极限为4%～75.2%（体积分数），因此使用有毒或易燃、易爆气体时，系统一定要达到严密不漏，尾气要导出室外，并注意室内通风。

化工原理吸收实验中常使用二氧化碳高压钢瓶。高压钢瓶是一种储存各种压缩气体或液化气体的高压容器，钢瓶容积一般为40～60L。气体钢瓶是由碳素钢或合金钢制成的，适合装入介质压力在15MPa以下的气体，二氧化碳钢瓶内装液化气体的压力大约是6MPa。

气体钢瓶主要由筒体和瓶阀构成，其附件有保护瓶阀的安全帽、开启瓶阀的手轮、在运输过程中防止震动的橡胶圈，高压钢瓶在使用时瓶阀出口还要连接减压阀和压力表。

使用气体钢瓶的主要危险是气瓶可能爆炸和漏气，气瓶爆炸的主要原因是气体受热膨胀，压力超过气瓶的最大负荷，或是瓶颈螺纹损坏。当内部压力升高时，气体冲出瓶颈，在这种情况下气瓶会朝放出气体的相反方向高速飞行。另外，如果气瓶坠落或撞击坚硬物时也可能会发生爆炸，造成巨大的破坏和伤亡事故，使用时必须注意以下几点：

① 气体钢瓶应存放在阴凉、干燥、远离热源（如阳光、炉火）的地方，高压钢瓶不能受日光直晒或靠近热源，以免瓶内气体受热膨胀而引起爆炸。

② 应尽可能避免可燃气体钢瓶和氧气钢瓶在同一室内使用（如氢气钢瓶和氧气钢瓶），以防止因为两种钢瓶同时泄漏而引起着火和爆炸。

③ 气体钢瓶必须按规定远离明火，可燃性气体钢瓶与明火距离须在10m以上。

④ 搬运气瓶时要轻放，要把瓶帽旋上，橡胶防震圈要牢固。钢瓶使用时必须靠近墙壁并加以固定。

⑤ 气瓶使用前必须安装减压阀及气表，各种气表不能混用，一般可燃性气体（如H_2）的钢瓶气门螺纹是反扣的，不燃性气体（如N_2、O_2）的钢瓶气门螺纹是正扣的，使用时必须连接减压阀或高压调节阀，不经这些部件而直接与钢瓶连接是十分危险的。

⑥ 绝不允许其他易燃有机物黏附在钢瓶上。

⑦ 打开钢瓶阀门或者调压时，人不要站在气体出口的前方，头不要在瓶口之上，而应在钢瓶侧面，以防钢瓶的总阀门或气表冲出伤人。

⑧ 当钢瓶使用到瓶内压力为0.5MPa时，应停止使用，压力过低会给充气带来不安全因素。当钢瓶内压力与外界压力相同时，会造成空气进入钢瓶。

⑨ 用气时应注意钢瓶颜色，不要用错。

⑩ 瓶阀发生故障时，不要擅自拆卸瓶阀或瓶阀上的零件，气瓶必须严格按期检验。

0.3.2 实验室防火安全知识

① 所有实验人员严禁在实验室内吸烟，不准携带引火物进入实验室。

② 实验使用的药品不能随意乱倒，应集中回收处理，剩余的易燃药品必须保管好，不得随意乱放。实验前要检查电器设备的安全情况。

③ 用电加热器进行加热升温时，操作过程中必须有人坚守操作岗位，监控好危险源以防发生意外事故。

④ 实验中产生异味或者不正常响声时，应对正在使用的仪器、设备及实验过程和周围环境进行检查，发现问题及时处理。

⑤ 熟悉消防器材的使用方法，一旦发生火情，应冷静判断并采取有效措施灭火。

⑥ 电器设备或带电系统着火，应用四氯化碳干粉灭火器灭火，不能用水或二氧化碳泡沫灭火。因为后者导电，会导致灭火人员触电。使用四氯化碳干粉灭火器时要站在上风侧，以防四氯化碳中毒，灭火后应打开门窗通风。

0.3.3 实验室用电安全知识

① 实验前必须了解实验室内总电闸与分电闸的位置，以便出现用电事故时及时切断

电源。

② 接触或操作用电设备时，手必须保持干燥，设备带电时不能用湿布擦拭，更不能有水落在其上，不能用试电笔去试高压电。

③ 用电设备维修时必须停电后才能作业。

④ 启动电动机，合电闸前先用手转动一下电动机的轴，合上电闸后，立即检查电动机是否转动。若不转动，应立即断开电闸，否则电动机很容易烧坏。若用电设备是电加热器，在通电之前一定要检查进行电加热所需要的前提条件是否已经具备。比如精馏实验中，接通塔釜电加热器之前，必须观察釜内液位是否符合要求；传热实验中，接通蒸汽发生器的电加热器之前，必须观察蒸汽发生器内液位是否符合要求；干燥实验中，在接通空气预热器的电加热器前必须先开空气鼓风机，之后才能给预热器通电加热，否则会造成严重事故。

⑤ 所有用电设备的金属外壳应安装接地线，并定期检查是否连接良好。

⑥ 导线的接头应紧密牢固，裸露的部分必须用绝缘胶布包好，或者用塑料绝缘管套好。

⑦ 在电源开关与用电设备之间若设有电压调节器或电流调节器，在接通电源开关之前，一定要先检查电压调节器或电流调节器当前所处状态，并将其置于“零位”状态。否则，在接通电源开关时，用电设备会在较大功率下运行，有可能造成用电设备损坏。

在实验过程中，如果发生停电现象，必须切断电闸，以防操作人员离开现场后突然供电而导致用电设备在无人监视下运行。

0.3.4 化工原理实验安全注意事项

① 动设备（离心泵、风机等）运行前必须认真阅读使用说明书，严格检查，确保其能正常运行，严格遵守设备使用操作规程。

② 使用仪表、电器前应熟悉其工作原理，注意量程范围，掌握正确的使用方法，避免超量程使用损坏仪表、电器。

③ 实验前认真阅读每个实验的安全操作注意事项，细化落实到每一个操作要点，以避免事故发生。操作过程中，严守自己岗位，精心操作，随时监控危险源。如设备或仪表出现故障，及时报告指导教师进行处理，未经同意不得自行处理。

④ 实验人员未经允许，不能随意打开带电的控制箱或控制柜，避免触电。

⑤ 实验结束时，检查并关好水、电、气，实验装置恢复到起始状态。

⑥“三废”不能随意乱倒，应集中收集处理，保持室内整洁。

0.3.5 化工原理实验安全应急措施

为了保障化工原理实验教学安全正常运行，保证设备操作人员的人身安全，落实安全第一、预防为主的方针，针对化工原理实验的具体情况拟定了实验室应急措施。

① 在进行实验前，应熟悉安全责任人和安全人员电话、实验中心电话、校医院电话和校保卫处电话。

② 严格执行仪器设备的启动、正常运行和停止的安全操作规程。实验人员发现安全隐患时，及时报告实验指导教师和设备管理者进行隐患处理。

③ 实验人员在实验中如遇设备或管道泄漏，应关闭设备电源和管道阀门。启动离心泵时，如离心泵不运转，或有较大噪声，应及时关闭离心泵，报告实验指导教师进行处理，不能自行处理。

④ 实验中有漏电或触电等事故时，应首先切断电源，再进行施救，避免二次事故发生，如果电源较远，可用干燥的木棍、橡胶或塑料等绝缘材料将触电者和电分离后再施救。

⑤ 实验人员在精馏实验中应随时观察再沸器液位，避免其内电加热器干烧引起爆炸。吸收实验中遵守钢瓶操作规范，避免气体钢瓶泄漏或爆炸。当发生爆炸事故时，及时切断电源或气源，撤离到安全地带。

⑥ 化学药品灼伤皮肤时，根据其化学性质进行相应处理，迅速脱去污染的衣裤，用毛巾拭干，再用大量水冲洗，不要任意涂抹油膏，盲目处理，应及时送医院处理。

⑦ 发现急性中毒和晕倒者，及时送校医院急救，并向医院提供中毒原因和毒物名称等。若不能送医院，及时将中毒者撤离到上风口方向的新鲜空气处施救。

1

工程实验研究方法

化学工程学科同其他工程学科一样，其实验研究是学科建立和发展的基础。多年来，在化学工程的发展过程中形成了直接实验法、量纲分析法、数学模型法等解决工程实际问题的研究方法。

直接实验法是对特定的工程问题直接进行实验观察和测定，从而得到需要的结果。这种实验研究方法得到的结果较为可靠，但它往往只能用于条件相同的情况，即这种实验的结果只能用到特定的实验条件和实验设备上，或者只能推广到实验条件完全相同的过程中。因此，这种实验研究方法具有较大的局限性。例如物料的干燥，已知物料的湿分，以空气为干燥介质，在一定的空气温度、湿度和流量条件下进行干燥时，可直接通过实验测定干燥时间和物料的失水量，得到该物料的干燥曲线。但如果被干燥的物料不同，或是干燥的条件不同，则所得到的干燥曲线也不同。

对一个受多个变量影响的工程问题，为了研究过程的规律，用直接实验法进行研究时，可以用网络法规划实验，即依次改变某一个变量、固定其他变量来测定目标值。如果变量数为 m 个，每个变量需改变的条件数为 n 次，用这种方法规划实验，所需的实验次数为 n^m，此数目庞大，难以实现。

以流体在圆管内湍流时的流动阻力问题为例，从湍流过程的分析可知，影响直管内流体流动阻力的主要因素有管径 d、管长 l、绝对粗糙度 ε、流体密度 ρ、流体黏度 μ 和流体的流动速度 u，即变量数 $m=6$。若每个变量改变条件数 $n=10$，则需做 10^6 次实验，显然这种实验工作是难以完成的。实际上，除了实验的工作量非常大以外，还有一个更重要的问题是实验的难度。众所周知，化工生产中涉及的物料千变万化，涉及的设备尺寸大小悬殊，要改变管径 d、管长 l、绝对粗糙度 ε 等设备的尺寸参数，就必须改变实验装置；要改变流体密度 ρ 和流体黏度 μ，在实验中必须使用多种流体；只改变流体密度 ρ 而固定流体黏度 μ 或只改变流体黏度 μ 而固定流体密度 ρ，则往往很难做到。

由此可见，涉及的变量数愈多，实验工作量就愈大，且实验工作量会随变量数的增多而急剧增大。若实验能在一定的理论指导下进行，则不仅可以减少工作量，还可以使得到的结果具有一定的普遍性。量纲分析法和数学模型法就是在一定的理论指导下处理工程问题的十分重要的研究方法。

1.1 量纲分析法

量纲分析法是化学工程实验研究中广泛使用的方法。仍以圆管内流体湍流时的流动阻力问题为例。从湍流过程的分析可知，影响流体流动阻力的主要因素有6个，通过量纲分析可以将这些影响因素组成若干个无量纲数群，这样不仅可以减少变量的个数，使实验的次数明显减少，还可以通过参数间的组合消除一些原来难以实现的实验条件（如只改变流体密度ρ而固定流体黏度μ），降低实验的难度。用量纲分析法得到流体湍流的流动阻力方程为

$$h_{\mathrm{f}}=\lambda \frac{l}{d}\frac{u^2}{2} \tag{1-1}$$

其中

$$\lambda=\varphi\left(\frac{du\rho}{\mu},\frac{\varepsilon}{d}\right) \tag{1-2}$$

式(1-1) 和式(1-2) 中的$\frac{du\rho}{\mu}$、$\frac{l}{d}$、$\frac{\varepsilon}{d}$均为无量纲数，实验中只要保证这些无量纲数相同，则不论设备的尺寸如何、体系的物性如何，其结果都是相同的。

1.1.1 量纲及无量纲数

量纲是指物理量的单位种类。例如长度可以用米、厘米、毫米等不同单位表示，但这些单位均属于同一类，即长度类。这些测量长度的单位具有同一量纲。其他物理量，如力、速度、加速度、时间、温度等有各自的量纲。

在力学中常取质量、长度、时间这3种量为基本量。它们的量纲相应以［M］、［L］、［T］表示，称为基本量纲。其他力学量由这3个基本量通过某种公式导出，它们的量纲则称为导出量纲。导出量纲由基本量纲经公式推导而得，因而它必然由基本量纲组成，因此把导出量纲写成各基本量纲的幂指数乘积的形式。例如，某导出量纲为$[\mathrm{Q}]=[\mathrm{M}^a\mathrm{L}^b\mathrm{T}^c]$，指数$a$、$b$、$c$为常数。下面介绍几种常见量纲的导出过程。

（1）面积A

面积的量纲是两个长度量纲相乘，即长度量纲的平方，$[\mathrm{L}][\mathrm{L}]=[\mathrm{L}^2]$，一般形式为$[\mathrm{M}^a\mathrm{L}^b\mathrm{T}^c]$，其中$a=c=0$，$b=2$。同理可得体积$V$的量纲为$[\mathrm{L}^3]$。

（2）速度u

速度定义为距离对时间的导数，即$u=\frac{\mathrm{d}\varepsilon}{\mathrm{d}t}$，它是$\frac{\Delta s}{\Delta t}$中当$\Delta t\to 0$时的极限。长度增量$\Delta s$的量纲仍为［L］，而时间增量$\Delta t$的量纲为［T］，所以速度$u$的量纲为$\frac{[\mathrm{L}]}{[\mathrm{T}]}=[\mathrm{LT}^{-1}]$。

（3）加速度a

加速度定义为$\frac{\mathrm{d}u}{\mathrm{d}t}$，它与$\frac{\Delta u}{\Delta t}$具有相同的量纲，即加速度$a$的量纲为$\frac{[\mathrm{LT}^{-1}]}{[\mathrm{T}]}=[\mathrm{LT}^{-2}]$。

（4）力F

力定义为ma，所以F的量纲为质量量纲和加速度量纲的乘积，即$[\mathrm{MLT}^{-2}]$。

（5）应力σ

应力定义为$\frac{F}{A}$，所以σ的量纲为力F的量纲除以面积A的量纲，即$\frac{[MLT^{-2}]}{[L^2]}=[ML^{-1}T^{-2}]$。

（6）黏度μ

按牛顿黏性定律，μ的量纲应为剪切应力的量纲除以速度梯度的量纲，即黏度μ的量纲为$\frac{[ML^{-1}T^{-2}]}{[T^{-1}]}=[ML^{-1}T^{-1}]$。

以上导出量纲是以［M］、［L］、［T］为基本量纲导出的，取不同的基本量纲时，如力的量纲［F］作为基本量纲，以上各量的量纲就不同。例如黏度μ的量纲为$[FL^{-2}T]$。采用同样的方法可以导出其他常见力学量的量纲。

从以上的量纲导出过程可见，一个量的量纲没有绝对的表示法，它取决于所选取的基本量纲。

若某物理量的量纲为零，则称其为无量纲数。一个无量纲数可以通过几个有量纲数乘除组合而成。例如反映流体流动状况的雷诺数$Re=\frac{du\rho}{\mu}$就是一个无量纲数，其中各物理量的量纲（以［M］、［L］、［T］为基本量纲）如下：速度u的量纲是$[LT^{-1}]$、直径d的量纲是［L］、密度ρ的量纲是$[ML^{-3}]$、黏度μ的量纲是$[ML^{-1}T^{-1}]$，将各量的量纲分别代入雷诺数Re的表达式中得Re的量纲为

$$[Re]=\frac{[L][LT^{-1}][ML^{-3}]}{[ML^{-1}T^{-1}]}=[M^0L^0T^0]=[1] \tag{1-3}$$

量纲和单位是不同的。量纲是指物理量的种类，而单位则是比较同一物理量大小所采用的标准，同一量纲可以有多种单位，同一物理量采用不同的单位时，其数值不同。如某管道长度为50m，也可以表示为50000mm或0.05km，单位不同，其数值不同，但量纲不变，仍为［L］。量纲不涉及量的数值，不论这一长度是50、50000还是0.05，也不论其单位是什么，它仅表示量的物理性质。

1.1.2 物理方程的量纲一致性

不同种类的物理量不可相加减，不能列等式，也不能比较它们的大小。例如速度可以和速度相加，但绝不能与黏度或压力相加。不同单位的同类量是可以相加的，例如5m加上50cm，仍为某一长度，但要把其中的一个单位进行换算统一。

既然不同种类的物理量不能相加减，也不可能相等，那么不同种类的量纲也不能相加减，同样不可能相等。反之，能够相加减且列入同一等式中的各项物理量，必然有相同的量纲，也就是说，只要一个物理方程是根据基本原理进行数学推演而得到的，它的各项在量纲上必然是一致的，这就是物理方程的量纲一致性，这种方程称为“完全方程”。

例如在物理学中，质点运动学中的自由落体公式为

$$S=u_0t+\frac{1}{2}gt^2 \tag{1-4}$$

式中，等号左边的S代表距离，量纲为［L］；右边第一项u_0t为质点在时间t内由于速度u_0所经过的距离，量纲为$\frac{[L]}{[T]}[T]=[L]$；右边第二项$\frac{1}{2}gt^2$为时间t内由于加速度g

所经过的附加距离，量纲为$\frac{[L]}{[T^2]}[T^2]=[L]$。所以方程的三项都具有同样的量纲$[L]$，量纲是一致的。

“由理论推导而得的物理方程必然是量纲一致的方程”这一点非常重要，它是量纲分析法的理论基础。

在化工原理各章推导的基本公式中都用到了物理方程的量纲一致性原理。例如在推导连续性方程时，取一块体积，分析在微小时段内流体流进这一体积的质量及从这一体积流出的质量，求出二者之差（仍是质量），然后分析该体积内的质量变化（仍是质量）。根据质量守恒定律，该体积内的质量变化应与进出该体积质量的差相等。可见，整个推导过程中，始终是质量之差，“质量”变化及“质量”相等。这就是说，推导过程中已经保证了它的量纲一致性。又如欧拉方程，它是分析微元体积上的受力（压力、质量力、惯性力），然后列成等式。实际上就是使所有外力之和等于惯性力，这里是“力”和“力”相加减和相等的关系。对于能量方程，则是“功”和“能”相加减和相等的关系。其他方程同样也是如此。由此可见，一个物理方程的推导过程，无非是找出一些同类量的不同形式，然后根据某种原理把它们列成等式。

有一些方程没有理论指导，纯粹根据观察归纳得到关联式，即所谓经验公式。这种公式中各个变量采用的单位是有一定限制的，并有所说明。例如计算气体扩散系数的半经验式

$$D=\frac{0.01498T^{1.81}(1/M_A+1/M_B)^{0.5}}{P(T_{cA}T_{cB})^{0.1405}(V_{cA}V_{cB})^2} \tag{1-5}$$

式中，D为气体的扩散系数，cm^2/s；T为热力学温度，K；P为总压，atm（1atm=101325Pa）；M_A、M_B为组分A、B的摩尔质量，kg/kmol；T_{cA}、T_{cB}为组分A、B的临界温度，K；V_{cA}、V_{cB}为组分A、B的临界容积，cm^3。

如果用的不是所说明的单位，那么方程中出现的常数必须作相应的改变。这一点正是它和量纲一致方程的区别。不过应当指出，任何经验公式，只要引入一个有量纲的常数，也可以使它量纲一致。

1.1.3 量纲分析

如果在某一物理现象中有几个独立自变量，即$x_1,x_2,\cdots,x_n$，因变量y可以用量纲一致的关系来表示，即

$$y=F(x_1,x_2,x_3,\cdots,x_n) \tag{1-6}$$

π定理指出，由于方程中各项量纲是一致的，函数F与n个独立变量x间的关系可改为$n-m$个独立的无量纲参数π（可以看作是一组新的变量）间的关系，因为后者所包含的变量数目较前者减少了m个，而且是无量纲的。

应用π定理进行量纲分析的步骤如下：

① 确定所研究过程的独立变量数，设共有n个：$x_1,x_2,\cdots,x_n$。写出一般函数表达式为

$$f(y,x_1,x_2,x_3,\cdots,x_n)=0 \tag{1-7}$$

② 确定独立变量所涉及的基本量纲。对于力学问题，可选［MLT］或［FLT］的全部或者其中任意选择两个作为基本量纲。

③ 用基本量纲表示各变量的量纲。

④ 在 n 个变量中选择 m 个作为基本变量（m 一般等于这 n 个变量所涉及的基本量纲的数目，对于力学问题，一般 m 不大于 3），条件是它们的量纲应能包括 n 个变量中所有的基本量纲，并且它们是互相独立的，即一个基本变量的量纲不能从另外几个基本变量的量纲导出。通常选一个表征尺寸的量、一个表征运动的量，另一个则是与力或质量有关的量。

⑤ 列出无量纲参数 π。根据 π 定理，可以构成 $n-m$ 个无量纲数 π。它的一般形式可表示为

$$\pi_i = x_i x_1^a x_2^b x_3^c \cdots x_m^m \tag{1-8}$$

式中，x_i 为除去已选择的 m 个基本变量以后所余下的 $n-m$ 个变量中的任何一个；$a, b, c, \cdots, m$ 为待定指数。

根据量纲一致性原理和 π 定理，利用量纲分析法可求得 π_i 的具体形式。

⑥ 将该研究对象用 $n-m$ 个 π 参数的函数 f 来表达，即

$$f(\pi_1, \pi_2, \cdots, \pi_{n-m}) = 0 \tag{1-9}$$

⑦ 根据函数 f 中的无量纲数，通过实验以求得函数 f 的具体关系式。

前面阐述的在圆管内流体湍流时的流动阻力计算式(1-1) 就是通过上述步骤推导而来的。

1.2 数学模型法

数学模型法是解决工程问题的另一种实验规划方法。数学模型法要求研究者对过程有深刻的认识，能对所研究的过程进行高度的概括，能依据过程的特殊性将复杂问题合理简化，得出足够简化而又不过于失真的近似实际过程的物理模型，并用数学方程表达该物理模型，然后求解方程。高速大容量计算机的出现，使数学模型法得以迅速发展，成为化学工程研究中强有力的工具。用数学模型法处理工程问题，同样离不开实验。因为简化模型的合理性仍需要经过实验来检验，其中引入的模型参数也需要由实验来测定，进一步地修正、校核。

圆管内的流动阻力问题是一个典型的工程实际问题，对于流体层流流动时的流动阻力，根据牛顿黏性定律，通过数学分析可导出著名的伯努利方程，得出流体在直管中层流时的摩擦阻力的数学模型为

$$h_f = \frac{32\mu l u}{\rho d^2} \tag{1-10}$$

对于湍流，由于流动情况非常复杂，尽管力的平衡方程并不因流型的变化而改变，但流体在湍流时其剪应力不能用简单的牛顿黏性定律来表示。因此，解决湍流流动阻力问题可采用半经验、半理论的数学模型法。

普朗特提出的混合场理论就是一种描述湍流流动的数学模型，根据对流体湍流过程的分析，可以作出湍流的起源是流体微团的脉动运动的假设，其机理与分子的热运动相仿，存在一个平均的自由径 l，由此可设想导出湍流黏度 ε

$$\varepsilon = l \frac{\mathrm{d}u}{\mathrm{d}y} \tag{1-11}$$

上式中用湍流黏度 ε 代替牛顿黏性定律中的黏度 μ，从而导出了流体湍流流动过程的数学模型。

应该说，有了数学模型方程就可以求解了，但事实上问题至此仍未完全得到解决，过程机理假设的真实性尚待检验，自由径 l 仍为未知值。这时就要借助于实验，从实验测得的速度分布对比中，检验假设模型的真实性，并求出 l 的值，因此称这种方法为半理论、半经验的数学模型法。

由此可见，用数学模型法处理工程问题，并不意味着可以取消和削弱实验环节，相反，对工程实验提出了更高的要求。一个合理的数学模型是建立在对过程充分观察和认识、对实验数据进行充分分析和研究的基础之上的，所建立的物理模型和数学模型中必然会引出一定程度的近似和简化，因此，数学模型中的模型参数必须要通过实验来确定、检验和修正。

数学模型法解决工程问题的大致步骤如下：

① 通过实验认识过程，建立物理模型。

② 物理模型的数学描述。

③ 模型参数的确定，模型的求解和检验。

下面以流体通过颗粒层的流动问题为例，就数学模型研究方法进行讨论。

流体通过颗粒层的流动，就其流动过程本身来说并没有什么特殊性，问题的复杂性在于流体通道是不规则的几何形状。构成颗粒层的各个颗粒不但几何形状是不规则的，而且颗粒大小不均匀，表面粗糙情况也不同。由这样的颗粒组成的颗粒层通道必然是不均匀的纵横交错的网状通道，如果仍像流体通过圆管那样沿用严格的流体力学方法进行处理，需要列出流体通过颗粒层的边界条件，这一点很难做到。为此，要解决流体通过颗粒层的流动问题，必须寻求简化的处理方法。

寻求简化途径的基本思路是研究过程的特殊性，并充分利用其特殊性对所研究的过程做出有效的简化。

对于流体通过颗粒层的流动过程，它的特殊性是什么呢？不难想象，流体通过颗粒层的流动可以有两个极限，一是极慢流动，另外一个就是高速流动。在极慢流动的情况下，流动阻力主要来自表面摩擦，而在高速流动时，流动阻力主要是形体阻力。对于过滤这一工程问题，其滤饼都是由细小的不规则的颗粒组成，流体在其中的流动是极其缓慢的。因此，可以抓住极慢流动这一特殊性，对流动过程进行大幅度的简化。极慢流动又称爬流。此时，可以设想流动边界所造成的流动阻力主要来自表面摩擦，因而，其流动阻力与颗粒总表面积成正比，而与通道形状的关系甚小。这样就消除了通道的几何形状的复杂性问题。

1.2.1 颗粒床层的简化模型

根据以上的分析，可将图 1-1(a) 所示的复杂的不均匀网状通道简化为图 1-1(b) 所示的由许多平行排列的均匀细管组成的管束，并作如下假定：

① 细管的内表面积等于颗粒层颗粒的全部表面积。

② 细管的全部流动空间等于颗粒层的空隙容积。

根据上述假定，可求得虚拟细管的当量直径为

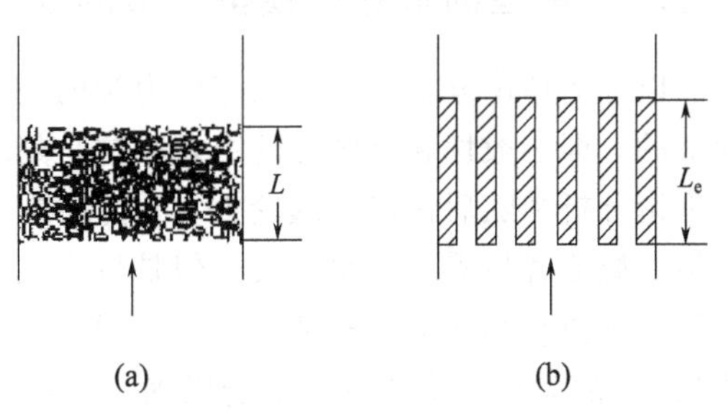

图 1-1 颗粒层的简化模型

$$d_e = \frac{4 \times 通道截面积}{湿润周边} \tag{1-12}$$

将式(1-12) 的分子、分母同乘以细管长度 L_e，则有

$$d_e = \frac{4 \times 颗粒层的流动空间}{全部内表面} \tag{1-13}$$

以 $1m^3$ 颗粒层体积为基准，并设颗粒层的流动空间为 ε、颗粒层的比表面积为 a_B，则式(1-13) 可变为

$$d_e = \frac{4\varepsilon}{a_B} = \frac{4\varepsilon}{a(1-\varepsilon)} \tag{1-14}$$

式中，a 为颗粒的比表面积。

按此简化模型，流体通过颗粒层的压降相当于流体通过一组当量直径为 d_e、长度为 L_e 的细管的压降。

1.2.2 流体压降的数学模型

上述简化的物理模型已将流体通过复杂几何边界的颗粒层压降 Δp 简化为通过均匀圆管的压降，因此可得到如下数学模型

$$\Delta p = \lambda \frac{L_e}{d_e} \frac{\rho u_1^2}{2} \tag{1-15}$$

式中，u_1 为流体在细管内的流速，其与实际颗粒层中颗粒空隙间的流速相等，它与无颗粒时的流速（表观流速）u 的关系为

$$u = \varepsilon u_1 \tag{1-16}$$

将式(1-16)、式(1-14) 代入式(1-15) 得

$$\frac{\Delta p}{L} = \left(\lambda \frac{L_e}{8L}\right) \frac{(1-\varepsilon)a}{\varepsilon^3} \rho u^2 \tag{1-17}$$

细管长度 L_e 与实际颗粒层高度 L 不等，但可认为 L_e 与实际颗粒层高度成正比，即 L_e/L 为常数，将其并入阻力系数得

$$\frac{\Delta p}{L} = \lambda' \frac{(1-\varepsilon)a}{\varepsilon^3} \rho u^2 \tag{1-18}$$

$$\lambda' = \frac{\lambda L_e}{8L} \tag{1-19}$$

式(1-18) 即为流体通过颗粒层压降的数学模型，其中包括一个未知的待定系数 λ'。λ' 称为模型参数，就其物理含义而言，也可称为颗粒层的流动摩擦系数。

1.2.3 模型的检验和模型参数的确定

以上的理论分析是建立在流体力学的一般知识和实际过程“爬流”这一特点相结合的基础上的，即一般性和特殊性的结合，这是处理多数复杂工程问题方法的共同基点。如果以上的理论分析和随后作出的理论推导是严格准确的，按理就可用伯努利方程做出定量的描述而无须实验或者只需由实验证实。但是事实上，从理论分析与推导中已经清醒地估计到所作出的简化难免与实际情况有所出入。因此，数学模型中一个待定的参数——摩擦系数 λ' 与雷诺数 Re 的关系有待通过实验予以确定。这时，实验的检验包含在摩擦系数 λ' 与雷诺数 Re 关系的测定中。如果所有的实验结果能归纳出统一的摩擦系数 λ' 与雷诺数 Re 的关系，就可

以认为所作的理论分析与所建立的数学模型得到了实验的检验，否则，必须进行修正。

康采尼（Kozeny）对此进行了实验研究，发现在流速较低、颗粒层雷诺数 $Re'<2$ 的情况下，实验数据能较好地符合下式

$$\lambda'=\frac{K'}{Re'} \tag{1-20}$$

式中，K'称为康采尼常数，其值为 5.0；Re'为颗粒层雷诺数，它与颗粒层特性、流体物性及流速的关系为

$$Re'=\frac{d_e u_1 \rho}{4\mu}=\frac{\rho u}{a(1-\varepsilon)\mu} \tag{1-21}$$

对于各种不同的颗粒层，康采尼常数 K'的误差不超过 10%，这表明上述简化模型是实际过程的合理简化，且在实验确定参数 λ'的同时，对简化模型进行了实际的检验。

由此可见，数学模型法和量纲分析法的最大区别在于量纲分析法不要求研究者对过程的内在规律有深刻的认识，因此对于任何复杂的问题，量纲分析法都是一种有效的方法。而数学模型法则要求研究者对过程有深刻的认识，能得出足够简化而又不过于失真的物理模型，同时能获得描述该过程的数学方程。

对于复杂的数学模型，能获得解析解的情况十分有限，因此对于无法得到解析解的复杂的数学模型方程必须借助于计算机进行数值求解。随着电子计算机处理速度的大幅度提高和容量的增大以及有关工程计算软件的开发应用，数学模型的求解日趋方便快捷，数学模型方法用于处理复杂的工程问题得到了迅速的发展，已成为化学工程研究中一个强有力的工具。

1.3 过程变量分离法

化工生产中某一物理过程和设备共同构成一个化工单元系统。在此系统中由于物理过程变量和设备变量交织在一起，使处理工程问题变得复杂，但是如果从众多变量之间将交联较弱的变量进行分离，有可能使问题大为简化，从而易于解决所研究的工程问题，这就是过程变量分离法。

以填料吸收塔填料层高度的研究为例。在填料吸收塔中完成一定吸收任务所需的传质面积，不仅与传质量和分离程度等由任务规定的指标有关，还与塔内气液两相流动状况、相平衡关系、填料类型以及填充方式等影响相际传质速率的诸多因素紧密相关。由于填料塔内气、液组成 Y、X 和传质推动力 ΔY（或 ΔX）均随塔高变化，因而塔内各截面上的吸收速率也不相同。为此，在填料层中取高度为 dZ 的微分段为控制体来进行研究，通过物料衡算方程和传质速率方程可得填料层高度为

$$Z=\int_{X_2}^{X_1}\frac{L}{K_X a\Omega}\frac{dX}{X^*-X} \tag{1-22}$$

式中，L 为吸收剂用量，kmol/h；Ω 为填料塔截面积，m^2；$K_X a$ 为液相体积传质系数，kmol/(m^3·s)；Z 为填料层高度，m；X_1、X_2 分别为塔底、塔顶的液相中 CO_2 比摩尔分数；X^* 为与塔内任一截面气相浓度平衡时液相中 CO_2 的比摩尔分数；X 为塔内任一截面处液相中 CO_2 的比摩尔分数。

对于低浓度的气体吸收，因其吸收量小，由此引起的塔内温度和流动状况的改变相应也

小，吸收过程可视为等温过程，传质系数沿塔高变化小，可取塔顶和塔底条件下的平均值。这样，式(1-22) 中的 K_Xa 可提出积分号，使得低浓度吸收填料层高度的计算简化为

$$Z=\frac{L}{K_Xa\Omega}\int_{X_2}^{X_1}\frac{\mathrm{d}X}{X^*-X} \tag{1-23}$$

若令

$$H_{OL}=\frac{L}{K_Xa\Omega} \tag{1-24}$$

$$N_{OL}=\int_{X_2}^{X_1}\frac{\mathrm{d}X}{X^*-X} \tag{1-25}$$

则

$$Z=H_{OL}N_{OL} \tag{1-26}$$

式中，H_{OL}为液相总传质单元高度，m；N_{OL}为液相总传质单元数，无量纲。

液相总传质单元数 N_{OL}反映吸收过程的难易程度，其大小取决于分离任务和整个填料层平均推动力大小两个方面。它与气相或液相进出塔的浓度、液气比以及物系的平衡关系有关，而与设备型式和设备中气、液两相的流动状况等因素无关。这样，在设备选型前就可先计算出过程所需的 N_{OL}。N_{OL}值大，分离任务艰巨，为避免塔过高，应选用传质性能优良的填料。若 N_{OL}值过大，就应重新考虑所选溶剂或液气比 L/V 是否合理。

液相总传质单元高度 H_{OL}则表示完成一个传质单元分离任务所需的填料层高度，代表了吸收塔传质性能的高低，主要与填料的性能和塔中气、液两相的流动状况有关。H_{OL}值小，表示设备的性能高，完成相同传质单元数的吸收任务所需塔的高度小。

1.4 实验设计及方法

1.4.1 实验设计

实验设计又称实验规划，在化工实验过程中如何组织实验、如何合理分布实验点、需要检测哪些变量、实验范围如何确定，所有这些都是实验规划的范畴。一个好的实验设计，能以最小的工作量获取最多的信息，这样不仅可以大幅降低研究成本，而且往往会有事半功倍的效果。反之，如果实验设计不周，不仅费时、费力、费钱，而且可能导致实验结论错误。

化工中的实验可归纳为两种：析因实验和过程模型参数的确定实验。

影响某一过程或对象的因素有很多，如物性因素、设备因素、操作因素等，可通过析因实验研究哪些因素对该过程或对象有影响，哪些因素影响较大需在过程研究中重点考察，哪些因素影响比较小可以忽略，哪些变量之间的交互作用对过程产生不可忽视的影响。在过程新工艺或新产品开发的初期阶段，往往需要做大量析因实验。

在过程模型参数的确定实验中，无论是经验模型还是机理模型，其模型方程中都含有一个或多个参数，这些参数反映了过程变量之间的数量关系，同时也反映了过程中一些未知因素的影响。为了确定这些参数，需要进行实验以获得实验数据，然后利用回归拟合的方法求取参数值。

在上述实验中离不开实验设计，通过实验设计可正确地确定实验变量的变化范围和安排实验点，如果实验范围和实验点选择得不恰当，即使实验点再多，实验数据再精确，也达不到预期的实验目的。实验设计得不好，试图靠精确的实验技巧或高级的数据处理技术加以弥

补，是得不偿失甚至是徒劳的。因此一种科学的实验设计应做到以下两点：

① 在实验安排上尽可能地减少实验次数。

② 在进行较少次数实验的基础上，能够利用所得的实验数据分析出指导实践的正确结论，并得到较好的结果。

1.4.2 设计方法

任何科学实验工作，为了达到预期目的和效果都必须恰当地安排实验，力求通过次数不多的实验认识所研究课题的基本规律并取得满意的结果。为此我们要拟定一个正确而简便的方法，研究影响它效果的条件，如试剂用量、溶液酸度、反应时间以及共同组分的干扰等对结果的影响，同时对影响结果的每一种条件选择合理的范围。在这里，我们把受条件影响的效果叫作指标，把实验中要研究的条件叫作因素，把每种条件在实验范围内的取值（或选取的实验点）叫作该条件的水平。我们遇到的问题可能包含多种因素，各个因素又有不同的水平，每种因素可能对分析结果产生各自的影响，也可能彼此交织在一起而产生综合的效果。

（1）“网格”实验设计法

“网格”实验设计法又叫全因素实验设计法，就是实验中所涉及的全部实验因素及全部水平全面重新组合形成不同的实验条件，每个实验条件下分别进行两次以上的独立重复实验。

“网格”实验设计法的最大优势是获得的信息量非常大，可以准确地评估实验各因素对实验结果的大小关系，还可估计因素之间交互作用影响的大小，但所需的实验次数较多，因此耗费的人力、物力和时间也较多。

在“网格”实验设计中，若实验变量数为 n，实验水平数为 m，则完成整个实验所需的实验次数为 m^n。显然，当所考查的实验因素和水平较多时，研究者的实验压力较大，不适合采用“网格”实验设计法。

（2）正交实验设计法

正交实验设计法是安排多因素实验并考察各因素影响大小的一种科学设计方法，它是应用一套已规格化的正交表来安排实验工作，通过较少的实验次数，选出最佳的实验条件，同时可帮助我们抓住主要因素，并判断哪些因素起单独的作用，哪些会产生综合的效果。该方法的特点是：

① 完成实验所需的次数少。

② 数据点分布均匀。

③ 可以方便运用极差分析法、方差分析法等对结果进行分析，得出许多有价值的结论。

【例 1-1】 为了提高板框压滤机的过滤速度，对工艺中 3 个主要因素进行条件实验，操作压力（A）、过滤温度（B）、滤浆浓度（C）各按 3 个水平进行实验，见表 1-1，寻求适宜的操作条件。

表 1-1 因素水平表

因素	水平		
	1	2	3
操作压力 A/atm	A_1(1)	A_2(2)	A_3(3)
过滤温度 B/℃	B_1(25)	B_2(30)	B_3(40)
滤浆浓度 C/%	C_1(30)	C_2(40)	C_3(50)

解：① 全因素实验设计法

对 A、B、C 3 因素、3 水平的全因素设计如表 1-2 所示。

表 1-2　3 因素、3 水平全因素实验设计

项目	B_1			B_2			B_3		
	C_1	C_2	C_3	C_1	C_2	C_3	C_1	C_2	C_3
A_1									
A_2									
A_3									

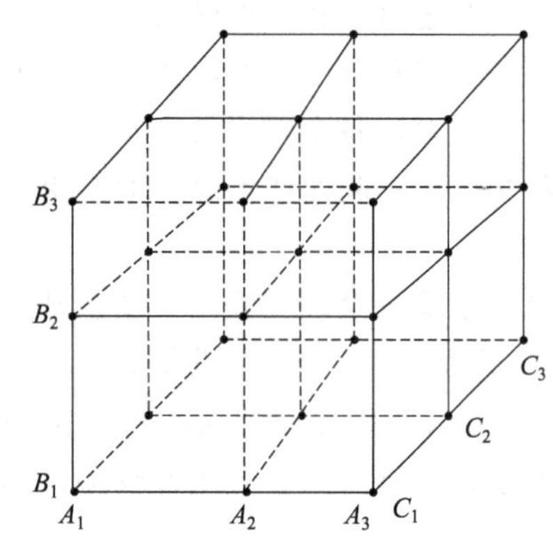

图 1-2　全因素实验设计

此方案实验数据点的分布极好，因素和水平的搭配十分全面，缺点是实验次数多达 $3^3=27$ 次（指数 3 代表 3 个因素，底数 3 代表每个因素有 3 个水平），如图 1-2 所示，每个网格的节点代表一个实验点。

全因素设计对各因素与指标间的关系分析得比较清楚，但实验次数太多。特别是当因素数目多，每个因素的水平数目也多时，如选 5 因素，每个因素 4 个水平，假设做全面实验，则需 $4^5=1024$ 次实验。实验量大得惊人，这实际上是不可能实现的。

② 简单对比法

即变化一个因素而固定其他因素，如首先固定 A、B 为 A_1、B_1，使 C 变化，得到 C_1 为好结果；然后固定 C 为 C_1、B 为 B_1，使 A 变化，得到 A_3 为好结果；最后固定 C 为 C_1、A 为 A_3，使 B 变化，得到 B_2 最好，于是就认为最好的工艺条件是 $A_3B_2C_1$，如图 1-3 所示。

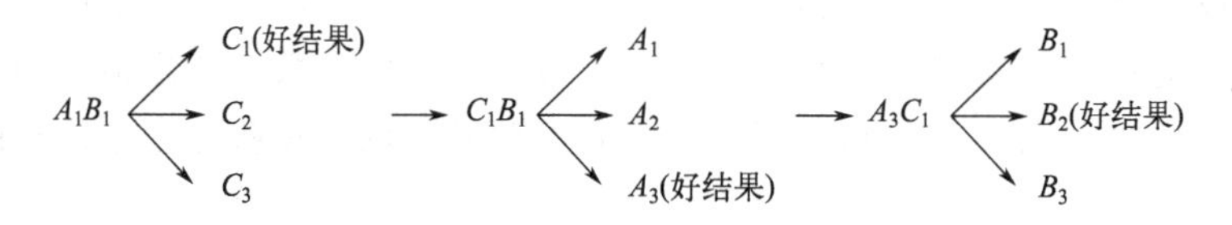

图 1-3　简单对比法

简单对比法的最大优点就是实验次数少，但这种方法的选点代表性很差，所选的工艺条件 $A_3B_2C_1$ 不一定是 27 个组中最好的。

③ 正交实验设计法

用正交表来安排实验，见表 1-3。

表 1-3　正交表 $L_9(3^4)$ 的应用

实验号	1	2	3	4
	A	B	C	
1	1(A_1)	1(B_1)	1(C_1)	1
2	1(A_1)	2(B_2)	2(C_2)	2
3	1(A_1)	3(B_3)	3(C_3)	3
4	2(A_2)	1(B_1)	2(C_2)	3

续表

实验号	1	2	3	4
	A	B	C	
5	$2(A_2)$	$2(B_2)$	$3(C_3)$	1
6	$2(A_2)$	$3(B_3)$	$1(C_1)$	2
7	$3(A_3)$	$1(B_1)$	$3(C_3)$	2
8	$3(A_3)$	$2(B_2)$	$1(C_1)$	3
9	$3(A_3)$	$3(B_3)$	$2(C_2)$	1

从这 9 次实验点的分布可看出 2 个特点：

① 对因素 A、B、C 的 3 个水平都做了 3 次实验。

② 这 9 次实验点是均匀分布的，从图 1-4 中可直观地看出。

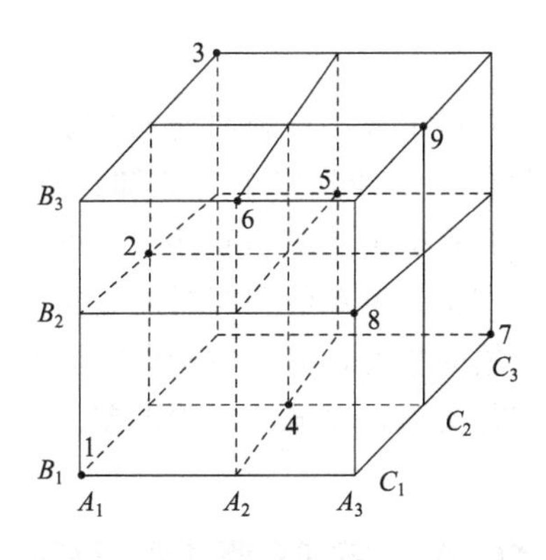

图 1-4　正交实验设计

可见，正交实验设计法得出的实验方案不仅实验次数少，而且数据点分布的均匀性也很好。因素越多，水平越多，运用正交实验设计法减少实验次数的效果越明显。

2 实验数据采集和处理

化工原理实验是学生第一次面对工程实验装置进行实验，由于实验装置是设备、仪表、电器、管件和管材构成的一个整体，牵涉到多个专业知识点，学生往往感到陌生而无从下手，不知道如何采集实验数据。实验中由于测量仪表、测量方法、周围环境、人的观察力、测量程序等都不可能完美无缺，实验的测定值和客观的真实值之间总存在一定的差异，为了减小这种差异，提高采集实验数据的精度，需要对所做实验产生的误差进行分析和讨论，为此，应按照以下实验教学步骤进行实验，以减小实验误差。

2.1 实验数据采集

2.1.1 实验预习

预习是做好实验的必要条件，通过预习可以了解实验内容，理解实验原理，掌握操作要点以及实验注意事项，准确了解所要测定的变量和参数以便完成实验，达到较好的教学效果。在全面预习实验的基础上书写预习报告，拟定实验方案，其具体要求有以下几点：

① 认真阅读实验指导书，查阅有关文献资料，明确实验内容和任务要求，分析实验的理论依据，建立数学模型。

② 绘制实验装置流程，构思实验装置，确定所测参数哪些是变量参数，哪些不是变量参数。

③ 熟悉现有的实验装置和流程，对设备结构、测量仪表进行资料查询，了解实验中设备、仪表的使用方法。

④ 拟定实验操作方案和原始实验数据记录表格、明确操作要点和有关安全注意事项，并在仿真实验中进行模拟操作。

⑤ 化工原理实验是工程性实验，完成一项实验往往需要几位同学相互配合，进行分工合作。因此，在测取实验数据前，实验小组应当适当地分工，明确要求，以便实验顺利进行。

预习结束，通过指导教师的考查后方能进行实验操作，考查内容包括实验内容、实验原理、操作要点及注意事项。

2.1.2 实验操作

实验操作的目的是准确获取实验数据。正确进行实验操作是实验数据采集的重要步骤，是成功做好实验的关键，实验操作如同开车一样，经历三个阶段：开车出库（冷态设备启动，开始实验)—正常行驶（实验装置正常运行，采集实验数据)—停车入库（停止设备运行，结束实验)。实验者应认真按以下几点进行：

① 实验操作开始前应检查所需设备、仪器是否齐全和完好（除固定安装的设备外，其余均由实验组长向实验室借用，实验结束后如数完好地归还)。对于转动的动力设备（如离心泵、压缩机等）更需注意检查有无怪音和严重发热现象，以保证设备正常运行。

② 实验操作过程中必须严格遵守操作规程和安全注意事项，正确、安全地进行操作。若在操作过程中发生故障，应及时向指导教师及实验室工作人员报告，以便处理。

③ 在实际操作中，测取数据是分工进行的。主要数据测定完毕后，在实验小组内要进行适当的数据互换，以便对实验过程有全面的了解。

④ 正确测取实验数据，注意数据的有效性、准确性和重现性。应特别注意，只有当数据测取正确后，方能改变操作条件，进行另一组数据的测取。

⑤ 实验数据全部测取完毕，经指导教师检查通过后，才能结束实验，归还所借仪器，恢复装置到原始状态。

⑥ 在实验操作中应时刻关注实验过程的变化，分析实验现象，发现问题并及时找到解决问题的办法，养成严谨的、良好的科学实验习惯。

2.1.3 读取实验数据

做好实验记录、正确读取实验数据是实验操作的重要步骤，它同实验结果紧密相关，而规范地记录好实验数据是防止实验数据误差（如漏记、误记等）产生的有效方法之一，其步骤及要求如下：

① 实验操作开始之前应拟好实验数据记录表格，表格中应标明每个物理量的名称、符号及单位。实验记录要求完整、准确、条理清楚，有效防止“张冠李戴”之误。

② 实验数据一定要设备运行正常，操作稳定后才能读取、记录。在工程中，热量和质量的传递需要一定时间才能达到稳定状态，数据一定要稳态条件满足后才可读取；条件改变后，就应在新的稳态条件下读取、记录数据，只有这样的数据才具有真实对应关系。由于测试仪表存在滞后现象，条件改变后往往需要一段时间的稳定过程，不能一改变条件就读取数据，这样所测数据的可靠性较差。

③ 同一条件下至少要读取两次数据，且只有当两次读数相近时，才能改变操作条件继续进行实验。实验测取的数据，应及时进行复核，以免发生读取或记录数据的错误。如读数和记录是两人分头进行的，则记录数据的同时还需重复读数。

④ 数据记录必须真实地反映仪表的精确度。必须注意仪表指示的量程范围、分度单位等，一般要记录至仪表上最小分度以下一位数，并注明单位。通常记录数据中的末位数都是估计数字，例如温度计的最小分度为1℃，如果当时温度读数为24.6℃，此时就不能记为25℃，若温度读数刚好为25℃时，数据应记为25.0℃，而不能记为25℃。

⑤ 记录数据要以当时的实际读数为准，如设定的水温为50.0℃，而读数时实际水温为

50.5℃，就应读记为 50.5℃。如果数据稳定不变时，该数据每次都应记录。

⑥ 实验过程中，如果出现异常情况以及数据有明显误差时，应在备注栏中加以说明。

⑦ 读取数据后，应立即将该数据和前次数据及其他相关数据加以比较，分析相互关系是否合理。如果发现不合理情况时，应立即研究原因，以便及时发现问题并加以处理。其次根据事先拟定的数据采集方案，检查是否漏采数据以减少重复性的工作。尤其注意实验点的选择是否合理。合理的实验点选择正确地反映了各变量之间的关系或在绘图时分布合理。

⑧ 严禁自拟和更改实验测试的原始数据，对可疑数据，如读错、漏记或误记等情况造成实验数据不正确，可在数据处理的分析讨论里说清楚。

2.2 实验数据误差

实验测得的大量数据必须进行进一步的处理，使人们清楚地观察到各变量之间的定量关系，以便分析实验现象，找出规律，指导生产与设计。

2.2.1 有效数字

在实验中读取数据时，如温度、压力、流量等，这类数字不仅有单位，而且它们的最后一位数字往往是估计的数字，例如精度为 1/10℃温度计，读得 21.75℃，其最后一位是估计数，所以记录或测量数据时通常在仪表最小刻度后保留一位有效数字。

在科学与工程中，为了能清楚地表示数值的准确度，计算方便，通常在第一个有效数字后加小数点，而数值的数量级则用以 10 为底数的幂表示，这种记数的方法称为科学记数法。如 185.2kPa，可记为 1.852×10^{2}kPa。

在加减运算中，每个数所保留的小数点后的位数应与其中小数点后位数最少的数字相同，例如 12.56、0.082、1.832 三数相加应写成 $12.56+0.08+1.83=14.47$。

在乘除运算中，每个数所保留的位数以有效数字最少的为准，例如 0.0135、17.53、2.45824 三数相乘应写成 $0.0135\times17.5\times2.46=0.581$。

乘方及开方运算的结果比原数据多保留 1 位有效数字，如 $12^{2}=144$，$\sqrt{5.6}=2.37$。

对数运算，取对数前后的有效数字相等，如 $\lg2.584=0.4123$，$\lg2.5847=0.41241$。

2.2.2 误差分析

测得的实验值与真值的差值称为测定值的误差。测定误差的估算与分析对实验结果的准确性具有重要意义。

任何一种被测量的物理量总存在一定的客观真实值，即真值。由于测量的仪表、测定的方法通常会引起误差，真值一般不能直接测得。根据误差分布定律，正负误差出现的概率相等，将各个测定值相加后平均，在无系统误差的情况下，可获得近似于真值的数值。因此实验科学把真值定义为无限多次测量的平均值。在实验测量中使用高精度等级标准仪器所测得的值代替真值。在无法测量真值的情况下，常用算术平均值表示真值。即

$$\overline{x}=\frac{1}{n}\sum_{i=1}^{n}x_{i} \tag{2-1}$$

式中，x_i 为各次测量值；n 为测量的次数。

误差的表示方法：绝对误差、相对误差和引用误差。

① 绝对误差 Δx。某测量值与真值之差称为绝对误差，即

$$\Delta x = x_i - x \approx x_i - \overline{x} \tag{2-2}$$

② 相对误差 δ。绝对误差与真值之比称为相对误差，即

$$\delta = \frac{\Delta x}{x} \tag{2-3}$$

③ 引用误差 α。仪表量程内最大示值误差与满量程示值之比的百分数称为引用误差，即

$$\alpha = \frac{\text{最大示值误差}}{\text{满量程示值}} \times 100\% \tag{2-4}$$

引用误差常用于表示仪表的精确度。我国生产仪表的精确度等级分别为 0.05、0.1、0.2、0.4、0.5、1.0、1.5、2.5 和 4.0 级等。例如某压力表注明精确度为 1.5 级，即表示该仪表最大误差为最大量程的 1.5%，若最大量程为 0.4MPa，该压力表最大误差为 $0.4 \times 1.5\% = 0.006(\text{MPa}) = 6.0 \times 10^3(\text{Pa})$。

误差有 3 类：系统误差、随机误差和过失误差。

① 系统误差。在一定的条件下，对同一物理量进行多次测量时，误差的数值始终保持不变，或按某一规律变化，这样的误差称为系统误差。如使用仪表刻度不准、测量仪器零点未校准造成的误差等。

② 随机误差。在同一条件下，测量同一物理量时误差的绝对值时大时小，符号时正时负，没有一定的规律且无法预测，这样的误差称为随机误差。随机误差完全服从统计规律，对同一物理量进行多次测量，其随机误差的算术平均值趋近于零。

③ 过失误差。由于操作错误或人为失误所产生的误差，这类误差往往表现为与正常值相差很大，在数据整理时应予以剔除。

2.3 实验数据处理

实验数据的处理是将实验测定的一系列数据经过计算处理后用最适宜的方式表现出来，使我们清楚地观察到各变量之间的定量关系，以便进一步分析实验现象，提出新的研究方法或得出规律，指导生产和设计。在化工原理实验中，数据处理方法有 3 种：

① 列表表示法，是将实验数据列成表格以表示各变量间的关系。通常这是处理数据的第一步，为标绘曲线或整理成为方程式打下基础。

② 图形表示法，是将实验数据在坐标纸上绘成曲线，直观而清晰地表达出各变量之间的相互关系，分析极值点、转折点、变化率及其他特性，便于比较，还可以根据曲线得出相应的方程式。某些精确的图形还可用于数学表达式未知情况下的图表积分或微分。

③ 数学公式法，是把实验数据拟合为数学公式，描述实验过程中自变量与因变量之间的关系。运用数理统计方法对实验数据进行统计处理得出拟合方程式，这种拟合方程式有利于用计算机进行数据处理。

2.3.1 列表表示法

实验数据表可分为原始记录表、中间运算表和最终结果表。

原始记录表必须在实验前根据实验内容设计好，可以清楚地记录所有待测数据，如流体流动阻力实验原始记录表（表 2-1）。

表 2-1　流体流动阻力实验原始记录表

实验日期：＿＿＿＿＿；实验人员：＿＿＿＿＿；流体温度：＿＿＿＿＿；

管材：＿＿＿＿＿；直管长度：＿＿＿＿＿；直管管径：＿＿＿＿＿。

序号	流量 $q_v/(m^3/h)$	光滑管阻力 Δp/kPa	备注
1			
2			
⋮			

中间运算表有助于进行运算，不易混淆，如流体流动阻力实验运算表（表 2-2）。

表 2-2　流体流动阻力实验运算表

序号	流量 $q_v/(m^3/s)$	流速 u/(m/s)	直管阻力 h_f/(J/kg)	$Re\times10^{-4}$	摩擦系数 $\lambda\times10^2$
1					
2					
⋮					

实验最终结果表是计算结果汇总，表达自变量、因变量之间的对应关系，如流体流动阻力实验结果表（表 2-3）。

表 2-3　流体流动阻力实验结果表

序号	粗糙管		光滑管		局部阻力	
	$Re\times10^{-4}$	$\lambda\times10^2$	$Re\times10^{-4}$	$\lambda\times10^2$	$Re\times10^{-4}$	ζ
1						
2						
⋮						

拟定实验数据表格时应注意以下几个问题：

① 表格的表头要列出变量名称、单位和符号，同时要层次清楚，顺序合理。

② 数字要注意有效位数，要与测量仪表的精确度相适应。

③ 数字较大或较小时要用科学记数法表示，将 $10^{\pm n}$ 计入表头，注意：参数 $\times10^{\pm n}=$ 表中数字。如 $Re=36000$，可采用科学记数法表示为 $Re=3.6\times10^4$，在名称栏中记为 $Re\times10^{-4}$，数据表格中记为 3.6。

④ 科学实验中，记录表格要书写规范，原始数据要书写清楚、整齐，不能潦草，要记录各种实验条件。不可随意用纸张记录，要在实验记录本上记录，以便保管。数据处理时，以某一组数据为计算示例，表明各变量之间的关系，便于阅读和校核。

2.3.2　图形表示法

上述列表法一般难以表现出数据的规律性，为了便于比较和观察自变量和因变量的规律性或变化趋势，将实验数据标于坐标系中，然后连成光滑曲线或直线，以图形的形式表示各变量关系。当只有两个变量（x,y）时，通常将自变量 x 作为坐标系的横轴，因变量 y 作为坐标系的纵轴，得到一条 $y \sim x$ 曲线；如有三个变量（x,y,z）时，通常在某一 z 下标出一条 $y \sim x$ 曲线，改变 z 得到另一组 $y \sim x$ 曲线。四个以上变量的关系难以用图形表示。

作图时选择坐标系尤为重要，选择了合适的坐标系，能使图形直线化，以便求得经验方程式。要注意在坐标系选定后，坐标分度要适当，才能清晰表现变量之间的函数关系。

化工实验中常用坐标系有直角坐标系、双对数坐标系和半对数坐标系。直角坐标系的两轴是分度均匀的普通坐标轴；双对数坐标系的两轴是分度不均匀的对数坐标轴；半对数坐标系的一轴是分度均匀的普通坐标轴，而另一轴是分度不均匀的对数坐标轴。

对数坐标轴的特点是坐标轴上某点与原点的距离为该点表示量的对数值，但该点标出的量是其本身的数字。对数坐标轴的分度法如图 2-1 所示。对数坐标轴上的 4 至原点的距离是 $\lg 4=0.60$。图 2-1 中上面一条线为 x 的对数坐标刻度，而下面一条线为 $\lg x$ 的均分坐标刻度。对数坐标轴上 1、10、100、1000 之间的实际距离是相等的，因为上述各数相应的对数值是 0、1、2、3，在线性均分坐标上的距离相同。

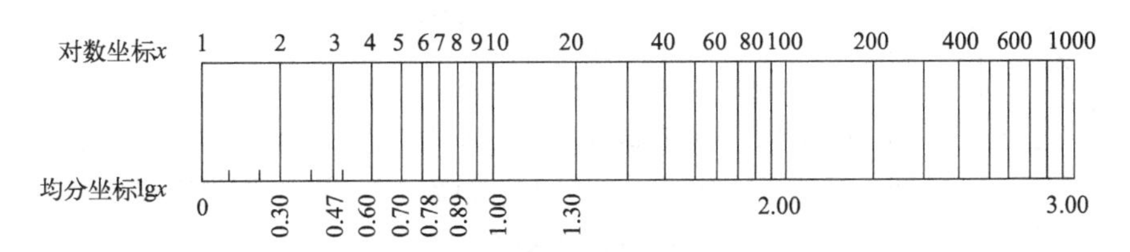

图 2-1　对数坐标的分度法

应根据变量间的函数关系选择合适的坐标系，坐标系的选择方法如下：

① 形如直线关系 $y=a+bx$，选用普通坐标系。

② 形如幂函数关系 $y=ax^b$，选用对数坐标系，因 $\lg y=\lg a+b\lg x$，在对数坐标系上为一直线。

③ 形如指数函数关系 $y=a^{bx}$，选用半对数坐标系，此时 $\lg y$ 与 x 呈直线关系。

如果实验数据的两个量，其中一个量的数量级变化很大，而另一个量变化不大，一般选用半对数坐标系来表示。如流量计校核试验中，测得孔流系数 C_0 和雷诺数 Re 的一组数据见表 2-4。

表 2-4　C_0 和 Re

C_0	0.983	0.842	0.654	0.643	0.641	0.641
Re	7.0×10^3	1.0×10^4	2.0×10^4	3.0×10^4	5.0×10^4	1.0×10^5

由此可见，C_0 变化不大，Re 变化较大，所以选用半对数坐标系比较合适。

若研究的函数 y 与自变量 x 在数值上均变化了几个数量级，可选用双对数坐标系。例如，已知 x 和 y 的数据如表 2-5 所示，在双对数坐标系下可以清楚地画出曲线。

表 2-5　x 和 y 的数据

x	10	20	40	60	80	100	1000	2000	3000	4000
y	2	14	40	60	80	100	177	181	188	200

使用坐标时应注意坐标分度，坐标分度是指每条坐标轴上 1 刻度所代表的物理量大小。选择适当的坐标比例尺是为了得到良好的图形。在变量 x 和 y 的误差 Δx、Δy 已知的情况下，比例尺的取值应使实验“点”的边长为 $2\Delta x$、$2\Delta y$，而且使 $2\Delta y=2\Delta x=1\text{mm}$ 或 2mm，若 $2\Delta y=2\text{mm}$，则 y 轴的比例尺 M_y 应为

$$M_y=\frac{2}{2\Delta y}=\frac{1}{\Delta y}(\text{mm}) \tag{2-5}$$

如已知温度误差 $\Delta T=0.05℃$，则

$$M_T=\frac{1}{0.05}=20(\text{mm}/℃) \tag{2-6}$$

温度的坐标分度为 20mm。若感觉太大，可取 $2\Delta y=2\Delta x=1\text{mm}$，此时的 1℃坐标为 10mm。

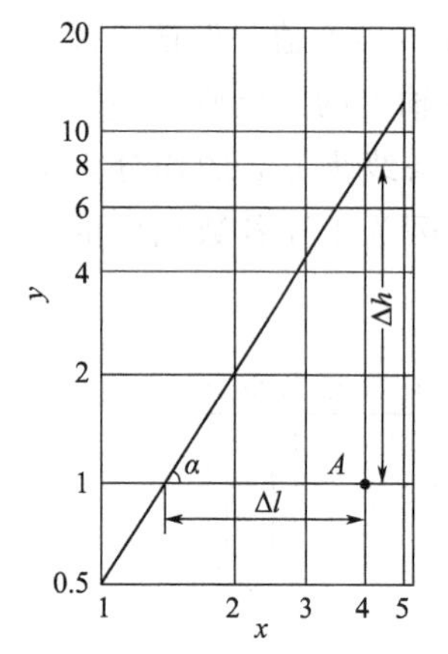

图 2-2 对数坐标

在对数坐标系中，若研究的函数 y 与自变量 x 的数值绘制出来是一条直线，在直线上任取两点 (x_1,y_1)、(x_2,y_2)，则直线斜率应为

$$k=\tan\alpha=\frac{\lg y_2-\lg y_1}{\lg x_2-\lg x_1} \tag{2-7}$$

由于 $\Delta\lg y=\lg y_2-\lg y_1$，与 $\Delta\lg x=\lg x_2-\lg x_1$ 在纵坐标与横坐标上的距离分别为 Δh 与 Δl，所以可以直接用一点 A 与直线的垂直距离 Δh 与水平距离 Δl（用均匀刻度尺度量）之比来计算该直线的斜率，如图 2-2 所示。

【例 2-1】 已知 (x,y) 的数据（见表 2-6），试求 $y=f(x)$ 的函数关系。

表 2-6 x 和 y 数据

x	1	2	3	4	5
y	0.5	2	4.5	8	12.5

解： 将 (x,y) 的值标于对数坐标系中得一直线，有 $\lg y=\lg a+n\lg x$ 或 $y=ax^n$，在直线上任取两点（5，12.5）、（1，0.5），有

$$n=\frac{\lg 12.5-\lg 0.5}{\lg 5-\lg 1}=2$$

应当特别注意，对数坐标系上的指示值是 (x,y)，而不是 $(\lg x,\lg y)$，故不可用 $n=\frac{y_2-y_1}{x_2-x_1}$ 计算直线的斜率。

也可以在线外任取一点 A（见图 2-2），量 A 点至直线的垂直距离 $\Delta h=56\text{mm}$，水平距离 $\Delta l=28\text{mm}$，得

$$n=\frac{\Delta h}{\Delta l}=\frac{56}{28}=2$$

当 $x=1$，$a=y=0.5$，故该函数关系为

$$y=0.5x^2$$

综上所述，标绘实验数据时应注意以下几点：

① 标绘实验数据，应选用适当大小的坐标系，使其能充分表示实验数据大小和范围。

② 依使用的习惯，自变量取横轴，因变量取纵轴，按使用要求注明变量名称、符号和单位。

③ 根据标绘数据的大小，对坐标轴进行分度。一般分度原则是：坐标轴的最小刻度能表示出实验数据的有效数字。分度以后，在主要刻度线上应标出便于阅读的数字。

④ 坐标原点的选择：对普通直角坐标系，坐标原点不一定从零开始，可以从表示的数据中选取最小数据为参考，将原点移到适当位置；而对数坐标系，其分度要遵循对数坐标规律，不能随意划分，因此，坐标轴的原点只能取对数坐标轴上的值作原点，而不能随意确定。

⑤ 标绘数据和曲线：将实验结果依自变量和因变量关系，逐点标绘在坐标系中。若在同一坐标系中同时标绘几组测量值，则各组的数据点要用不同符号（如·、×、○等）表示以示区别，根据实验点的分布绘制出一条平滑的直线或曲线，该曲线应通过或接近多数数据点，个别离直线或曲线太远的点应予以剔除。

随着各学科的迅猛发展，科技人员处理实验数据的量越来越大，许多场合用手工计算已无法完成任务，利用计算机高级语言编写程序实现某种算法，或应用各种工程计算软件对数据进行处理已是研究人员必备的素质。现有很多专门用于工程计算的软件，它们提供了很好的数据处理功能和曲线标绘功能，能方便快捷地进行实验数据处理，如图 2-3 所示。

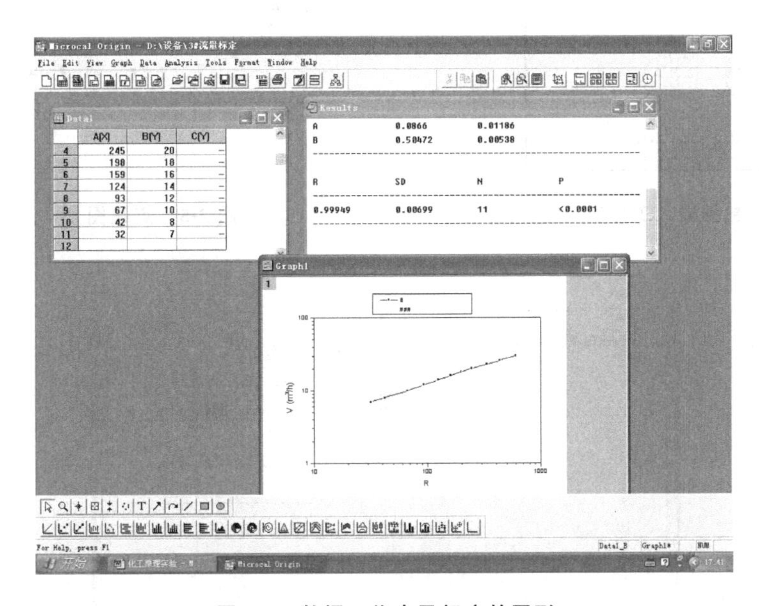

图 2-3　数据工作表及相应的图形

在图形界面下，可对坐标轴进行修改，如标注名称、设置分度、绘制和修改曲线的粗细、调整数据点的大小和形状等。

【例 2-2】 运用数据处理软件以表 2-7 中数据绘制 $\lambda \sim Re$ 曲线。

表 2-7　直管摩擦系数 λ 与雷诺数 Re 的计算数据

λ	0.0412	0.0329	0.0315	0.0284	0.0272	0.0267	0.0247
Re	5.05×10^3	5.95×10^3	6.98×10^3	8.02×10^3	9.01×10^3	9.99×10^3	1.99×10^4
λ	0.0238	0.0236	0.0235	0.0234	0.0235	0.0234	0.0233
Re	3.01×10^4	4.10×10^4	5.00×10^4	6.02×10^4	7.06×10^4	8.00×10^4	9.00×10^4

解：(1) 输入数据

启动数据处理软件，弹出如图 2-4 所示的数据输入工作表，在工作表中输入表 2-7 中的直管摩擦系数 λ 与雷诺数 Re 的计算数据。需要注意的是工作表中前三行不是输入数据的地方，它们是数据输入表头，用于标注名称、单位和内容。

(2) 点线图

选中工作表中的数据，然后点击左下方 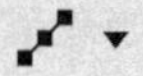 按钮，得到如图 2-5 的点线图。

双击图中的点，出现如图 2-6 所示的对话框，可以对点线图中实验数据点的大小、类型和颜色进行设置。

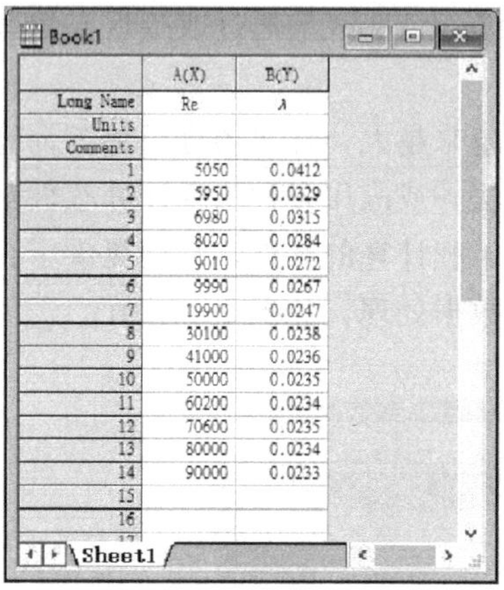

Book1

	A(X)	B(Y)
Long Name	Re	λ
Units		
Comments		
1	5050	0.0412
2	5950	0.0329
3	6980	0.0315
4	8020	0.0284
5	9010	0.0272
6	9990	0.0267
7	19900	0.0247
8	30100	0.0238
9	41000	0.0236
10	50000	0.0235
11	60200	0.0234
12	70600	0.0235
13	80000	0.0234
14	90000	0.0233
15		
16		

Sheet1

图 2-4　数据输入工作表

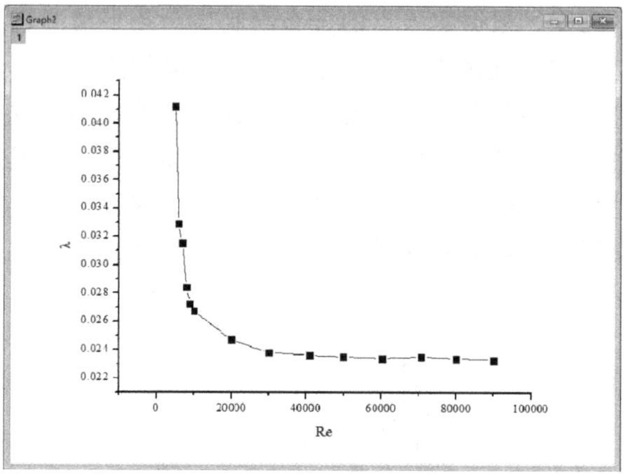

图 2-5　点线图

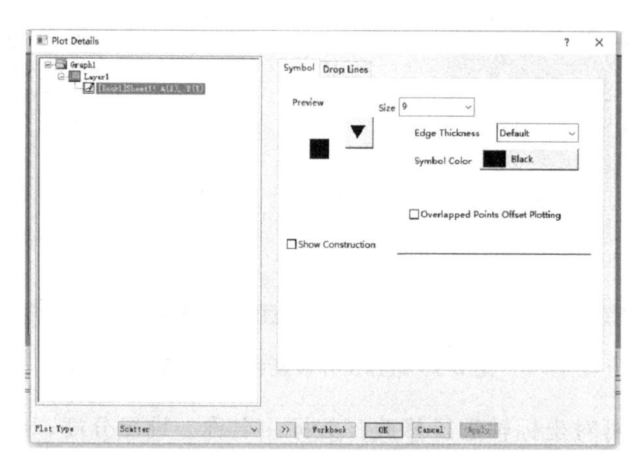

图 2-6　实验数据点设置界面

(3) 坐标轴的调节

双击横坐标，弹出如图 2-7 所示的对话框。

选择“Title&Format”，将“Major Ticks”和“Minor Ticks”设为“In”。

选择“Grid Lines”，勾选“Opposite”；勾选“Major Grids”和“Minor Grids”，网格线设置颜色并设置“Line Type”为“Solid”。

选择“Scale”可对坐标轴的范围进行设置。如图 2-8 所示，将“From”设为 1000，

“To” 设为 100000，“Type” 设为 Log10。

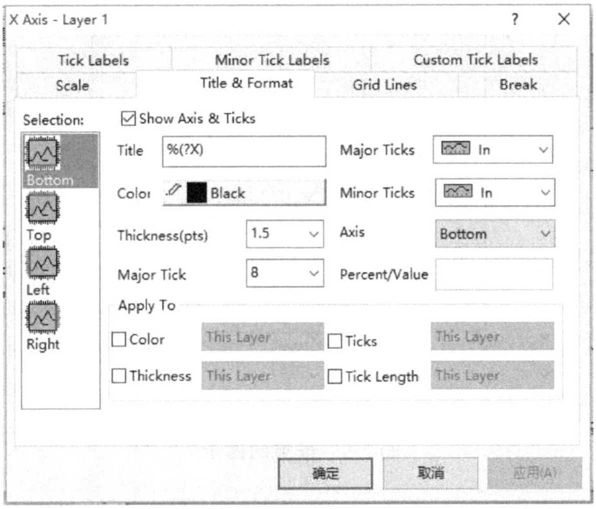

图 2-7 坐标调整对话框

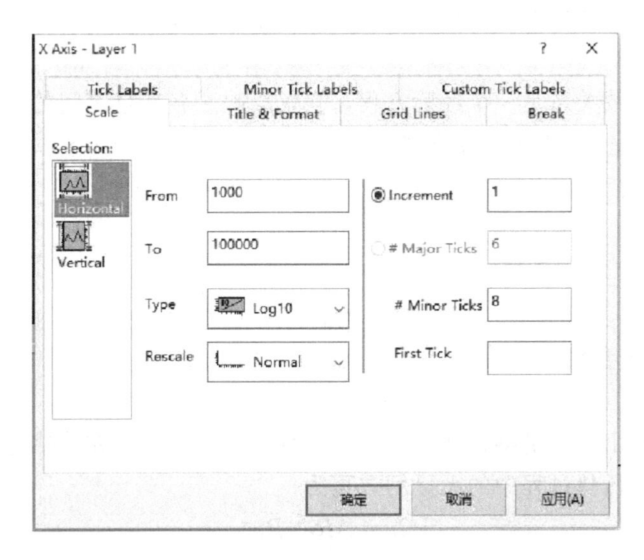

图 2-8 坐标轴范围调整

对纵轴进行同样的设置，得到最终的图示，如图 2-9 所示。之后使用菜单中的 “Edit” → “Copy Page” 指令将画好的图导出到其他软件中。

2.3.3 数学公式法

在化工实验研究中，除了用表格和图形描述变量关系外，常常把实验数据整理成方程式，以描述过程或现象的自变量和因变量之间的关系，即建立过程的数学模型，对于广泛应用计算机的时代，这是十分必要的。

化工实验过程中变量之间的关系均可用函数形式表示，其一般表达式为

$$y=f(x_1,x_2,x_3,\cdots,x_n) \tag{2-8}$$

当所研究对象的规律暂时不清楚时，可借助于实验数据，先在直角坐标系上标绘出直线

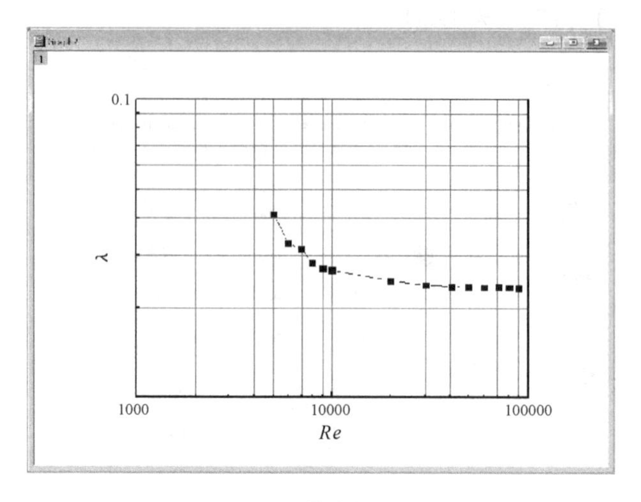

图 2-9　最终的图示

或曲线，然后参考典型函数图形，选择适当的函数形式把实验数据拟合为经验公式，即一定的函数关系式，清楚地表示出变量之间的关系。在进行实验数据拟合之前，确定函数的具体形式尤为重要。化工中常用的函数形式有多项式、幂函数和指数函数。

（1）多项式

多项式描述的函数关系是一个经验方程，它仅反映了各变量之间的数量关系，并不具有物理意义。如比热容 c_p 和温度关系通常表示为

$$c_p = a_0 + a_1 t + a_2 t^2 + \cdots \tag{2-9}$$

多项式的通式为

$$y = \sum_{k=0}^{m} a_k x^m \tag{2-10}$$

式中，a_k 为待定参数。

（2）幂函数

由量纲分析法导出的无量纲特征数式是一个幂函数。例如，在传热过程中经分解处理后所获得的流体在对流传热过程中的无量纲方程为

$$Nu = ARe^m Pr^n \tag{2-11}$$

幂函数的一般形式为

$$y = A_0 x_1^{A_1} x_2^{A_2} \cdots x_m^{A_m} \tag{2-12}$$

式中，A_j 为待定参数（$j=1,2,3,\cdots,m$）。

（3）指数函数

在反应工程中常以指数函数描述反应过程，其形式为

$$y = A_0 e^{Ax} \tag{2-13}$$

除了以上三种形式外，对于某些具体过程在进行深入的理解和合理的简化以后，由过程的数学描述可获得相应的函数形式，如摩擦系数的关系式

$$\frac{1}{\sqrt{\lambda}} = 1.74 - 2\lg\left(\frac{2\varepsilon}{d} + \frac{18.7}{Re\sqrt{\lambda}}\right) \tag{2-14}$$

为了建立数学模型，便于用计算机处理，如何由实验数据（x_i, y_i；$i=1,2,\cdots,n$）或

实验图形得出一定的数学方程式？常见的处理方法为直线化方法。

通常将实验数据标绘在普通直角坐标系上得一曲线或直线，如果是一直线，则根据初等数学，可知 $y=a+bx$，其数值 a、b 分别为直线的截距和斜率。如果不是直线，也就是 y 与 x 不是线性关系，则可将实验曲线和典型的函数曲线相对照，选择与实验曲线相似的典型曲线函数形式，然后用直线化方法，对所选函数与实验数据的符合程度加以检验。

直线化方法就是将函数 $y=f(x)$ 转化成线性函数 $Y=A+BX$，其中 $X=\phi(x,y)$、$Y=\psi(x,y)$（ϕ、ψ 为已知函数）。由已知的 x_i 和 y_i，按 $Y_i=\psi(x_i,y_i)$、$X_i=\phi(x_i,y_i)$，求得 Y_i 和 X_i，然后将 Y_i 和 X_i 在普通直角坐标系上标绘，如得一直线，即可得到系数 A 和 B，从而求得 $y=f(x)$。

如 $Y_i=f'(X_i)$偏离直线，则应重新选定 $Y=\psi'(x,y)$、$X=\phi'(x,y)$直至 $Y\sim X$ 为直线关系为止。

【例 2-3】 实验数据（x_i，y_i）见表 2-8，求经验式 $y=f(x)$。

解： 将（x_i，y_i）标绘在直角坐标纸上得图 2-10(a)。

由 $y\sim x$ 曲线可见形如幂函数曲线，令 $Y_i=\lg y_i$、$X_i=\lg x_i$，计算所得数据见表 2-9。

表 2-8　x_i 和 y_i

x_i	1	2	3	4	5
y_i	0.5	2	4.5	8	12.5

表 2-9　X_i 和 Y_i

X_i	0.000	0.301	0.477	0.602	0.699
Y_i	−0.301	0.301	0.653	0.903	1.097

将 Y_i、X_i 标绘于图 2-10(b)，得一直线，其截距 $A=-0.301$，斜率为

$$B=\frac{1.097-(-0.301)}{0.699-0}=2$$

由此可得
$$\lg y=-0.301+2\lg x$$

即
$$y=10^{-0.301}x^2=0.5x^2$$

可见此法同【例 2-1】相同，幂函数在对数坐标纸上为一直线。

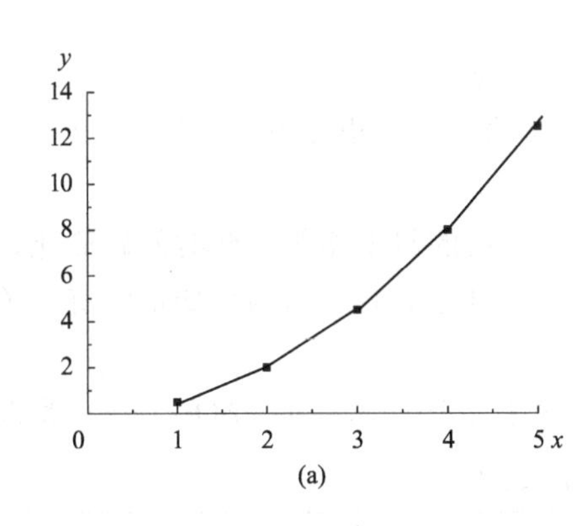

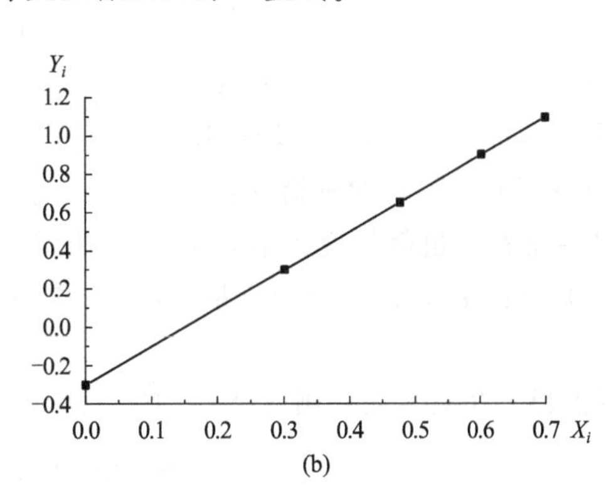

图 2-10　例 2-3 附图

常见函数的典型图形与直线化方法。

(1) 幂函数 $y=ax^b$ 或 $y=ax^b+c$

令
$$X=\lg x,\ Y=\lg y$$

则得直线化方程
$$Y=\lg a+bX \tag{2-15}$$

图 2-11 表示幂函数 $y=ax^b$ 的图形以及式中 b 改变时所得各种类型的曲线。

幂函数 $y=ax^b+c$ 的图形如图 2-12 所示。这类曲线在对数坐标纸上仍有少许弯曲。

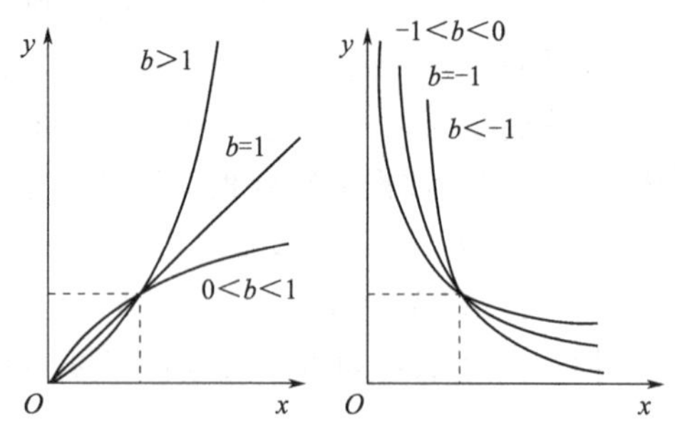

图 2-11　幂函数 $y=ax^b$ 的图形

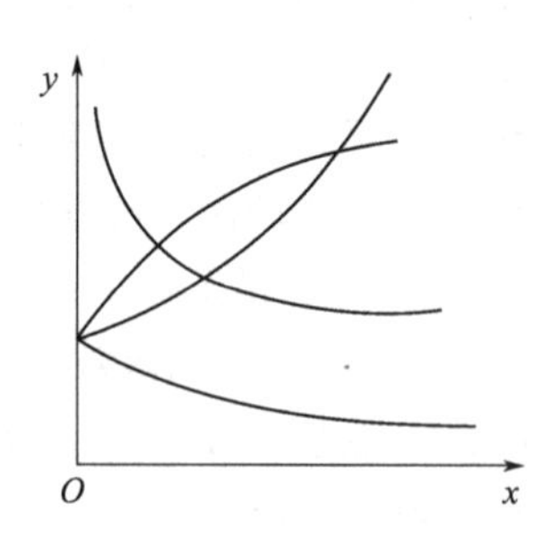

图 2-12　幂函数 $y=ax^b+c$ 的图形

（2）指数函数 $y=ae^{bx}$ 和对数函数 $y=a+b\lg x$

依据上述幂函数的处理方法可得：指数函数和对数函数都可在半对数坐标系上标绘出一直线，使其直线化。

（3）三元函数

化工中常见的特征数方程式，如 $Nu=aRe^bPr^c$ 就是一个三元函数方程式，其一般形式为

$$y=f(x_1,x_2) \tag{2-16}$$

在这种情况下，可先令其中一个变量如 x_2 为常数，然后根据上述处理双变量函数的方法，在每一个 x_2 值下以 $\phi(x_1)$ 对 $\varphi(y)$ 绘图，便得到一组直线，即对不同 x_2 的适用关系式

$$\varphi(y)=a+b\phi(x_1) \tag{2-17}$$

然后将其中系数 a、b 表示为 x_2 的函数，即

$$a=f_1(x_2) \tag{2-18}$$

$$b=f_2(x_2) \tag{2-19}$$

最后得出

$$\varphi(y)=f_1(x_2)+f_2(x_2)\phi(x_1) \tag{2-20}$$

如果 y 和 x_1 的直线关系较难找出，也可令 x_1 为常数，求出 y 和 x_2 的关系式，实际处理数据时可能发生下述两种情况：

① $b=$常数，也就是说在不同 x_2 下，各个 $y\sim x_1$ 线的斜率相等，此时问题简化，即只要把 $\varphi(y)-b\phi(x_1)$ 作为一个变量，以 x_2 作为另一个变量，找出这两个变量的直线关系式即可。

【例 2-4】 传热实验中测得 Nu、Re、Pr 数据见表 2-10，求 $Nu=f(Re,Pr)$ 关系式。

表 2-10　Nu、Re 和 Pr

Pr	$Re=1\times10^4$	$Re=3\times10^4$	$Re=5\times10^4$	$Re=8\times10^4$	$Re=10\times10^4$
	Nu				
0.7	31.6	76.1	114.5	166.8	199.4
1.8	46.1	111.0	167.1	234.4	291.0
3.0	56.6	136.2	205.0	298.6	356.9
5.0	69.4	167.1	251.5	366.3	437.8

解：在一定 Pr 下，在对数坐标系上标绘 Re 与 Nu 数据，见图 2-13(a)。由图可见，当 Pr 一定时，$Nu \sim Re$ 为一组直线，且相互平行，由图可得，其直线斜率

$$b=\frac{\lg 199.4-\lg 31.6}{\lg(10\times10^{-4})-\lg(1\times10^{-4})}=0.8$$

其直线方程为

$$\lg Nu=\lg a+0.8\lg Re$$

整理可得

$$\lg a=\lg\frac{Nu}{Re^{0.8}}$$

计算 $a=\frac{Nu}{Re^{0.8}}$ 值与 Pr 的对应数据见表 2-11，在对数坐标系上作图，得一直线，见图 2-13(b)，由图可得其直线斜率。

表 2-11　Pr 和 $\frac{Nu}{Re^{0.8}}$ 值

Pr	$a=\frac{Nu}{Re^{0.8}}$	Pr	$a=\frac{Nu}{Re^{0.8}}$
0.7	0.01994	3.0	0.03591
1.8	0.02910	5.0	0.04378

$$c=\frac{\lg 0.04378-\lg 0.01994}{\lg 5.0-\lg 0.7}=0.4$$

$$\lg\frac{Nu}{Re^{0.8}}=\lg a'+0.4\lg Pr$$

$$a'=\frac{Nu}{Re^{0.8}Pr^{0.4}}=\frac{0.04378}{5^{0.4}}=0.023$$

即 Nu、Re、Pr 特征数关联式为 $Nu=0.023Re^{0.8}Pr^{0.4}$。

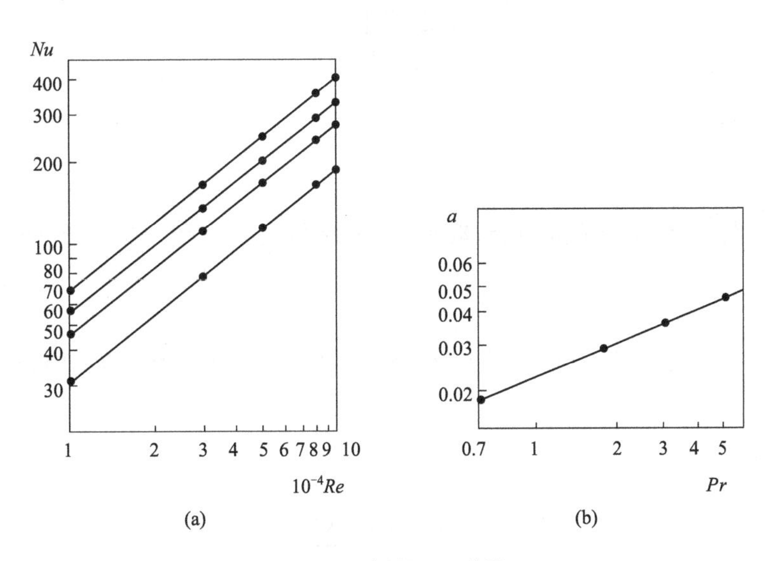

图 2-13　例题 2-4 附图

② $b\neq$常数，也就是说在不同 x_2 下，各个 $y \sim x_1$ 线的斜率不相等，属于非线性问题，此时可运用多项式回归方法。因变量 y 和自变量 x_1 的关系可表示为 n 次多项式，即

$$y=a_0+a_1x_1+a_2x_1^2+\cdots+a_nx_1^n \tag{2-21}$$

令 $Y=y$，$X_1=x_1$，$X_2=x_1^2$，…，$X_n=x_1^n$，则式(2-21) 就可转化为多元线性方程

$$Y=a_0+a_1X_1+a_2X_2+\cdots+a_nX_n \tag{2-22}$$

由上可见，求多项式回归问题转化为多元线性回归模型，用这种方法可解决其非线性问题。

在以上图解法直线化拟合实验数据时，坐标系上标点有误差，而根据点的分布确定直线位置时，具有人为性。因此，运用数理统计方法从大量离散的实验数据中寻找其内在的规律，并以数学方程形式表示，这种最佳拟合实验数据的方法之一是最小二乘法。

最小二乘法的原理：最佳的直线就是能使各实验数据同回归方程求出数据的偏差的平方和为最小。

已知 n 个实验点 (x_i, y_i)，其中 $i=1,2,3,\cdots,n$，设最佳的线性函数关系式为 $y=b_0+b_1x$，则根据此式可计算出 n 组 x_i 值对应的 y'_i 值，每组实验值 y_i 与所对应的计算值 y'_i 的偏差 δ 应为

$$\begin{aligned}\delta_1&=y_1-y'_1=y_1-(b_0+b_1x_1)\\ \delta_2&=y_2-y'_2=y_2-(b_0+b_1x_2)\\ &\vdots\\ \delta_n&=y_n-y'_n=y_n-(b_0+b_1x_n)\end{aligned} \tag{2-23}$$

按照最小二乘法的原理，测量值与真值之间的偏差平方和为最小。$\sum_{i=1}^{n}\delta_i^2$ 最小的必要条件为

$$\begin{aligned}\frac{\partial\left(\sum_{i=1}^{n}\delta_i^2\right)}{\partial b_0}&=0\\ \frac{\partial\left(\sum_{i=1}^{n}\delta_i^2\right)}{\partial b_1}&=0\end{aligned} \tag{2-24}$$

展开上式可得

$$\begin{aligned}\frac{\partial\left(\sum_{i=1}^{n}\delta_i^2\right)}{\partial b_0}&=-2[y_1-(b_0+b_1x_1)]-2[y_2-(b_0+b_1x_2)]-\cdots-2[y_n-(b_0+b_1x_n)]=0\\ \frac{\partial\left(\sum_{i=1}^{n}\delta_i^2\right)}{\partial b_1}&=-2x_1[y_1-(b_0+b_1x_1)]-2x_2[y_2-(b_0+b_1x_2)]-\cdots-2x_n[y_n-(b_0+b_1x_n)]\\ &=0\end{aligned} \tag{2-25}$$

写成和式为

$$\sum_{i=1}^{n}y_i-nb_0-b_1\sum_{i=1}^{n}x_i=0 \tag{2-26}$$

$$\sum_{i=1}^{n}x_iy_i-b_0\sum_{i=1}^{n}x_i-b_1\sum_{i=1}^{n}x_i^2=0 \tag{2-27}$$

联立求得

$$b_0=\frac{\sum_{i=1}^{n}x_iy_i\sum_{i=1}^{n}x_i-\sum_{i=1}^{n}y_i\sum_{i=1}^{n}x_i^2}{\left(\sum_{i=1}^{n}x_i\right)^2-n\sum_{i=1}^{n}x_i^2}$$

$$b_1=\frac{\sum_{i=1}^{n}x_i\sum_{i=1}^{n}y_i-n\sum_{i=1}^{n}x_iy_i}{\left(\sum_{i=1}^{n}x_i\right)^2-n\sum_{i=1}^{n}x_i^2} \tag{2-28}$$

由此求得的截距为 b_0、斜率为 b_1 的直线方程，就是关联各实验点最佳的直线方程。

为了应用方便，也可将解的形式表示为如下形式，将式(2-26) 除 n 得

$$b_0=\frac{\left(\sum_{i=1}^{n}y_i-b_1\sum_{i=1}^{n}x_i\right)}{n}=\overline{y}-b_1\overline{x} \tag{2-29}$$

式中，$\overline{y}=\frac{\sum_{i=1}^{n}y_i}{n}$；$\overline{x}=\frac{\sum_{i=1}^{n}x_i}{n}$；$n$ 为实验数据组数。

将式(2-29) 代入式(2-27) 得

$$b_1=\frac{\sum_{i=1}^{n}x_iy_i-n\overline{y}\,\overline{x}}{\sum_{i=1}^{n}x_i^2-n\overline{x}^2} \tag{2-30}$$

从式(2-29) 看出，拟合直线正好通过离散点的平均值 $(\overline{x},\overline{y})$，为了计算方便，令

$$l_{xx}=\sum_{i=1}^{n}(x_i-\overline{x})^2=\sum_{i=1}^{n}x_i^2-n\overline{x}^2$$

$$l_{yy}=\sum_{i=1}^{n}(y_i-\overline{y})^2=\sum_{i=1}^{n}y_i^2-n\overline{y}^2$$

$$l_{xy}=\sum_{i=1}^{n}(x_i-\overline{x})(y_i-\overline{y})=\sum_{i=1}^{n}x_iy_i-n\overline{x}\,\overline{y}$$

则

$$b_1=\frac{l_{xy}}{l_{xx}} \tag{2-31}$$

以上各式中的 l_{xx}、l_{yy} 称为 x、y 的离差平方和；l_{xy} 为 x、y 的离差乘积和。

用相关系数 r 统计量来判断两个变量之间线性相关的程度，定义为

$$r=\frac{\sum_{i=1}^{n}(x_i-\overline{x})(y_i-\overline{y})}{\sqrt{\sum_{i=1}^{n}(x_i-\overline{x})^2\sum_{i=1}^{n}(y_i-\overline{y})^2}} \tag{2-32}$$

由上述公式可得

$$r=\frac{\sum_{i=1}^{n}x_iy_i-n\overline{x}\,\overline{y}}{\sqrt{\left(\sum_{i=1}^{n}x_i^2-n\overline{x}^2\right)\left(\sum_{i=1}^{n}y_i^2-n\overline{y}^2\right)}} \tag{2-33}$$

当 $r=\pm1$ 时，即 n 组实验值全部落在直线上，此时称为完全相关。

当 $r=0$ 时，即 n 组实验值之间没有线性关系，但可能存在其他关系。

当 $|r|$ 越接近 1 时，变量 y 与 x 之间的关系越接近于线性关系。

【例 2-5】 已知表 2-12 中的实验数据 y_i 和 x_i 成直线关系，求其回归方程和相关系数。

表 2-12 实验测得的 x_i 和 y_i 数据

序号	1	2	3	4	5	6	7	8
x_i	2.2	3.3	5.6	7.8	9.4	12.4	15.6	18.4
y_i	5.5	6.4	6.7	8.1	9.0	8.8	10.8	9.5

解： 根据表 2-12 中数据可列表计算，其结果见表 2-13

表 2-13 实验数据和计算结果

序号	x_i	y_i	x_i^2	x_iy_i	y_i^2
1	2.2	5.5	4.8	12.1	30.3
2	3.3	6.4	10.9	21.1	41.0
3	5.6	6.7	31.4	37.5	44.9
4	7.8	8.1	60.8	63.2	65.6
5	9.4	9.0	88.4	84.6	81.0
6	12.4	8.8	153.8	109.1	77.4
7	15.6	10.8	243.4	168.5	116.6
8	18.4	9.5	338.6	174.8	90.3
Σ	74.7	64.8	932.1	670.9	547.1

$$\bar{y}=\frac{\sum_{i=1}^{n}y_i}{8}=\frac{64.8}{8}=8.1,\quad \bar{x}=\frac{\sum_{i=1}^{n}x_i}{8}=\frac{74.7}{8}=9.34$$

$$b_1=\frac{\sum_{i=1}^{n}x_iy_i-n\bar{y}\bar{x}}{\sum_{i=1}^{n}x_i^2-n\bar{x}^2}=\frac{670.9-8\times8.1\times9.34}{932.1-8\times9.34^2}=0.28$$

$$b_0=\bar{y}-b_1\bar{x}=8.1-0.28\times9.34=5.48$$

故回归方程式为

$$y=5.48+0.28x$$

其相关系数为

$$r=\frac{\sum_{i=1}^{n}x_iy_i-n\bar{x}\bar{y}}{\sqrt{\left(\sum_{i=1}^{n}x_i^2-n\bar{x}^2\right)\left(\sum_{i=1}^{n}y_i^2-n\bar{y}^2\right)}}=\frac{670.9-8\times8.1\times9.34}{\sqrt{(932.1-8\times9.34^2)(547.1-8\times8.1^2)}}=0.91$$

2.4 实验报告

实验报告是按照一定的格式和要求，表达实验过程和结果的文字材料，是一次实验完成后的全面总结。写实验报告的过程，就是对所测取的数据进行处理，对所观察的现象和计算结果进行分析总结，找出客观的规律和内在联系的过程。通过撰写实验报告，可提高分析问题和解决问题的能力。书写实验报告应有严谨的科学态度，实事求是的精神，所有实验数据以及观察到的现象必须如实记录，不能凭臆想推测而加以修改，实验报告格式和要求如下。

2.4.1 实验报告格式

① 实验题目、实验人员姓名、实验地点、实验日期、指导教师等作为实验报告首页的起始部分或封面。

② 实验内容和任务要求。说明为什么要做这个实验，本实验解决什么问题。依据实验内容和任务要求，阐述实验原理，包括实验涉及的主要概念、定律、公式以及推导的重要结果。

③ 绘制实验装置图，注明设备规格、型号。在图中标出设备、仪表和阀门等的位号，在图下方写出图名及位号相对应的设备、仪表等的名称。

④ 简述实验操作要点。按实验时间的先后顺序描述操作过程，条理要清晰。对于容易造成安全事故的操作，尤其要在安全注意事项中说明，以引起人们高度重视。

⑤ 实验原始数据以表格记录形式清楚地表示。记录数据要准确，注意有效数字位数的保留。

⑥ 以一组实验数据为例进行典型计算。书写公式和代入数据计算，注意单位不能少。

⑦ 计算数据及结果数据列表表示。

⑧ 实验结果以图表或数学关系式表示，找出实验过程中的变化规律并得出结论。

⑨ 分析讨论实验结果。对结果进行评估，分析误差，对实验过程中的异常现象进行分析，讨论本实验结果的价值和意义，对实验装置的改进提出建设性建议，等等。

⑩ 回答思考题。善于在实验中发现问题、分析问题并解决问题。

2.4.2 实验报告要求

① 实验报告采用统一规范的报告纸，按上述报告格式书写，书写必须工整、规范；数据处理方法得当，使用图表合理，得出的结论正确。

② 参加实验的每位同学独立完成实验报告，同组同学的实验报告禁止互相拷贝。

③ 实验报告按实验报告格式要求完成。

3 化工仪表

现代生产与生活，离不开各种参数的精准测量与控制。各种测量仪表犹如人体的眼睛、耳朵等感知器官。缺少各种准确测量的基本参数，精确的生产控制过程将无从谈起。在工业生产过程及日常生活中，四大基本控制参数为流体的温度、压力、流量和液位。测定这些参数的仪表统称为测量仪表。化工常用测量仪表的种类很多，本章主要讲述温度、压力、流量等测量仪表的基本原理及其使用基本知识。

在基础物理的学习中，我们接触到的仪表主要为现场直接显示就地仪表。而随着现代工业的发展，仪表逐渐发展为具有远传功能的测量仪表，测量仪表多由检测、传送、显示3个基本部分组成。检测部分多与被检测介质直接接触，并依据不同的工作原理和方式将被测的流量、温度、液位和压力信号转化为易于传送的物理量，现代仪表多以电信号进行传送；传送部分只起信号能量的传递作用；显示部分则将传送来的物理信号转换为可读信号，常见的显示形式有指示、记录等。根据不同的需要，检测、传送、显示这3个基本部分可集成在一台仪表内，也可分散为几台仪表，如控制室对现场设备操作时，检测部分在现场，显示部分在控制室，而传送部分则在两者之间。

选用测量仪表时首先要考虑仪表的测量范围和精度，还需要考虑仪表的使用场景、价格及安全等其他因素。

3.1 流体的温度测量

3.1.1 温度测量的基本概念

温度的定义是描述分子热运动剧烈程度的物理量。温度是工业生产中最普遍、最重要的参数之一。用来度量物体温度数值的标尺叫温标。它规定了温度的读数起点（零点）和测量温度的基本单位。目前国际上用得较多的温标有摄氏温标、华氏温标、热力学温标。

摄氏温标（℃）规定：在标准大气压下，冰的熔点为0℃，水的沸点为100℃，中间划分100等份，每等份为1摄氏度。

华氏温标（℉）规定：在标准大气压下，冰的熔点为32℉，水的沸点为212℉，中间划分 180 等份，每等份为 1 华氏度。

热力学温标又称开尔文温标（符号 K），或绝对温标，它规定分子运动停止时的温度为绝对零度。0℃对应的是 273K。

3.1.2 温度测量仪表的分类

温度测量仪表按测温方式可分为接触式测温和非接触式测温。

① 接触式测温是将感温元件与被测介质直接接触，需要一定的时间才能达到热平衡，因此会产生测温的滞后现象，同时感温元件也容易破坏被测对象的温度场并有可能与被测介质发生化学反应，同时受耐高温材料的限制，不能应用于很高的温度测量。但接触式仪表比较简单、可靠、测量精度较高。

② 非接触式测温是通过热辐射原理来测量温度，测量元件不需要与被测介质接触，测温范围广，不受测温上限的限制，也不会破坏被测物体的温度场，反应速度也比较快。但受到物体的发射率、测量距离、烟尘和水汽等外界因素的影响，测量误差较大。

3.1.3 接触式测温

常用接触式测温仪有热膨胀式温度计、电阻式温度计、热电偶式温度计等。

（1）热膨胀式温度计

热膨胀式温度计分为液体膨胀式和固体膨胀式两类。热膨胀式温度计是应用物质热胀冷缩的特性制成。在生产和实验中最常见的热膨胀式温度计是玻璃液体温度计，如水银温度计和酒精温度计。玻璃液体温度计测温范围比较狭窄，在－40～400℃之间，精度也不太高，易损坏，但比较简便，而且价格便宜。固体膨胀式温度计有杆式温度计和双金属温度计，它们是将两种具有不同热膨胀系数的金属片安装在一起，利用其受热后的变形差不同而产生相对位移，经机械放大或电气放大，将温度变化检测出来。固体热膨胀式温度计结构简单，机械强度大，但精度不高。

（2）电阻式温度计

① 热电阻测温原理。物质的电阻值随物质本身的温度变化而变化，这种物理现象称为热电阻效应。在测量技术中，利用热电阻效应可制作对温度敏感的热电阻元件，如图 3-1 所示的铂电阻元件。当热电阻元件与被测对象通过热交换达到热平衡时，根据热电阻元件的电阻值确定被测对象的温度。通常把一个热电阻感温元件称为热电阻。

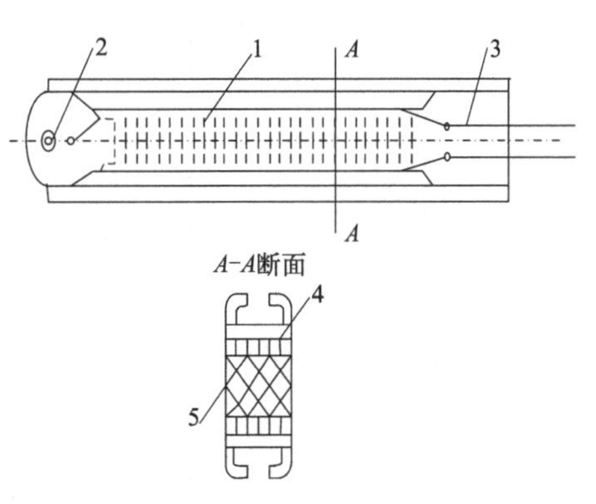

图 3-1 铂电阻元件

1—铂电阻丝；2—铆钉；3—银引出线；4—绝缘片；5—骨架

电阻式温度计由热电阻感温元件和显示仪表组成，常见的电阻感温元件有铂电阻、铜电阻和半导体热敏电阻 3 种。

对于金属导体，在一定的温度范围内，其热电阻与温度的关系为

$$R_t = R_{t0}[1 + a(t - t_0)] \tag{3-1}$$

式中，R_t，R_{t0}是温度为 t 和 t_0 时金属导体的热电阻值，Ω；a 为金属导体的电阻温度系数，$℃^{-1}$。

在 0～850℃范围内，铂的热电阻值为

$$R_t = R_{t0}(1 + At + Bt^2) \tag{3-2}$$

在－200～0℃范围内，铂的热电阻值为

$$R_t = R_{t0}[1 + At + Bt^2 + C(t - 100)t^3] \tag{3-3}$$

式中，A、B、C 都是规定的系数。

铂电阻的主要特点是测量精度高，性能稳定。其使用温度范围为－259～630℃，它的分度号为 Pt50 和 Pt100。Pt50 是指 0℃时电阻值 $R_{t0}=50\Omega$，Pt100 是指 0℃时电阻值 $R_{t0}=100\Omega$。

铜电阻感温元件的测温范围狭窄，物理、化学稳定性不及铂电阻，但价格便宜，并且在－50～150℃范围内，其电阻值与温度的线性关系好，因此应用比较普遍，它的分度号为 Cu50 和 Cu100。

② 热电阻测温系统的组成。热电阻测温系统一般由热电阻、连接导线和显示仪表等组成。使用时必须注意以下两点：一是热电阻和显示仪表的分度号必须一致；二是为了消除连接导线电阻变化的影响，必须采用三线制接法。

③ 热电阻型号命名方法和选用如表 3-1 所示。

表 3-1 热电阻的选用

型号		说明
W		温度仪表
Z		热电阻
P	感温材料	Pt
C		Cu
无		单支
2		双支
1	安装固定形式	无固定装置
2		固定螺纹
3		活动法兰
4		固定法兰
5		活络管接头式
6		固定螺纹锥式
7		直形管接头式
8		固定螺纹管接头式
9		活动螺纹管接头式
2	接线盒形式	防喷式
3		防水式
0	保护管直径	$\phi16$
1		$\phi12$
G	工作端形式	变截面

(3) 热电偶式温度计

热电偶测温系统由热电偶（感温元件）、冷端温度补偿装置和显示仪表三部分组成，三者之间用导线连接。

① 热电偶测温原理。热电偶是通过两根不同的导体和半导体线状材料 A 和 B 的一端焊接或绞接而成。焊接的一端置于被测温度 T 处，A/B 称作热电偶的热端（或工作端），与导线连接的一端置于被测对象之外温度为 T_0 的环境中，此端称作冷端。把热电偶的两个冷端连接起来则形成一个闭合回路，如果热、冷两端所处的温度不同，在回路中形成一定大小的电流，两者之间便产生热电势，这种现象称为热电效应，如图 3-2 所示。在热电偶的回路中产生的热电势 E 的大小与热电偶两端的温度 T 和 T_0 有关，在 T_0 恒定不变时，热电势 E 只是热电偶热端温度 T 的函数。热电偶就是利用这一热电效应来测定温度。

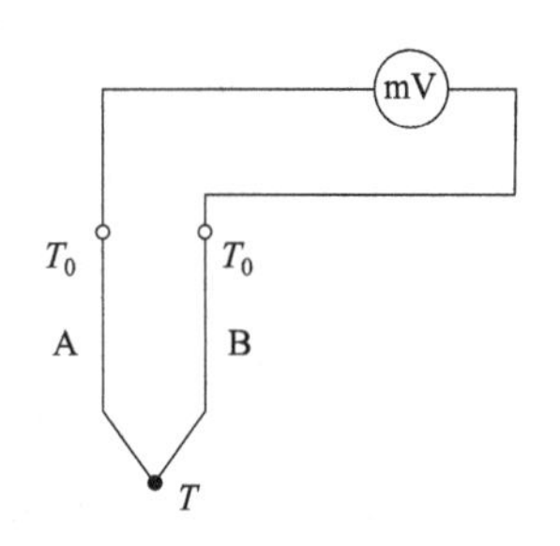

图 3-2　热电偶测温系统

② 热电偶的种类。常用热电偶可分为标准热电偶和非标准热电偶两大类。

标准热电偶是指国家标准规定了其热电势与温度的关系、允许误差，并有统一的标准分度表的热电偶。热电偶全部按国际标准生产，并指定 S、B、E、K、R、J、T 七种标准化热电偶为我国统一设计型热电偶。热电偶的选用和热电阻的选用相似，并均需配置与其配套的显示仪表。

非标准化热电偶在使用范围或数量级上均不及标准化热电偶，一般也没有统一的分度表，主要用于某些特殊场合的测量。

3.1.4　非接触式测温

在高温测量或不允许因测温而破坏被测对象温度场的情况下，就必须采用非接触式测温方法，如热辐射式高温计来测量。这种高温计在冶金、机械、化工等工业生产中广泛应用，主要测量炼钢、各种高温窑、盐浴池等的温度。

非接触式温度测量仪表分两类：一类是光学辐射式高温计，包括单色辐射高温计、全辐射高温计、光电高温计等；另一类是红外辐射仪，包括全红外辐射仪、单红外辐射仪、比色仪等。在此仅以单色辐射高温计为例。

由普朗克定律可知，物体在某一波长下的单色辐射力与温度有单值函数关系，而且单色辐射能力的增长速度比温度的增长速度快得多，根据这一原理制作的热辐射式温度计叫单色辐射高温计。

当物体的温度高于 700℃时，会发出明显的可见光，具有一定的亮度。物体在波长 λ 时的亮度 B_λ 和它的辐射能 E_λ 成正比，即

$$B_\lambda = cE_\lambda \tag{3-4}$$

根据维恩公式，绝对黑体在波长 λ 的亮度 $B_{0\lambda}$ 与温度 T_s 的关系为

$$B_{0\lambda} = cc_1\lambda^{-5}e^{-c_2/(\lambda T_s)} \tag{3-5}$$

实际物体在波长 λ 的亮度 B_λ 与温度 T 的关系为

$$B_\lambda = c\varepsilon c_1\lambda^{-5}e^{-c_2/(\lambda T_s)} \tag{3-6}$$

式中，c、c_1、c_2 为比例常数；ε 为黑度系数；λ 为辐射波长，μm；T 为物体温度，K。

热辐射式温度计运用式(3-6) 物体的亮度和温度的关系，常用于测量高于 700℃的温度，

这种温度计不必和被测对象直接接触，所以从原理上来说，这种温度计上限是无限的，由于这种温度计是通过热辐射传热，它不必与被测对象达到热平衡，因而传热的速度快，热惯性小。

3.1.5 测温仪表的比较和选用

在选用温度计时，必须考虑以下几点：

① 被测物体的温度是否需要指示、记录和自动控制。

② 能便于读数和记录。

③ 满足测温范围的大小和精度要求。

④ 感温元件的大小是否适当。

⑤ 在被测物体温度随时间变化的场合，感温元件的滞后能否适应测温要求。

⑥ 被测物体的环境条件对感温元件是否有损害。

⑦ 仪表使用是否方便。

⑧ 仪表寿命。

3.1.6 接触式测温仪表的安装

感温元件的安装应确保测量的准确性，为此，感温元件的安装通常按下列要求进行。

① 由于接触式温度计的感温元件是与被测介质进行热交换而测温的，因此，必须使感温元件与被测介质能进行充分的热交换，感温元件的工作端应处于管道中流速最大之处以有利于热交换进行，不应把感温元件插至被测介质的死角区域。

② 感温元件与被测介质形成逆流，即安装时感温元件应迎着介质的流向插入，至少须与被测介质流向成90°角。切勿与被测介质形成顺流，否则容易产生测温偏差。

③ 避免热辐射所产生的测温偏差。在高温场合，应尽量减少被测介质与设备壁面间的温度差，在安装感温元件的地方，如器壁暴露于空气中，应在其表面包一层绝热层以减少热量损失。

④ 避免感温元件外露部分的热损失所产生的测温偏差。为此，要有足够的插入深度，随着感温元件插入深度的增加，测量误差随之减小，必要时，为了减小感温元件外露的热损失，应对感温元件的外露部分加装保温层进行适当的保温。

⑤ 感温元件安装于负压管道（设备）中必须保证其密闭性，以免外界冷空气进入而降低测量值。

⑥ 在具有强电磁场干扰源的场合安装感温元件时，应注意防止电磁干扰。

⑦ 水银温度计只能垂直或倾斜安装，同时需观察方便，不得水平安装，更不能倒装。

感温元件的安装应确保安全、可靠。为了避免感温元件的损坏，应保证其有足够的机械强度。可根据被测介质的工作压力、温度及特性，合理地选用感温元件保护套管的壁厚与材质，同时考虑以后的维修、校验方便。

3.2 流体的压强测量

化工生产和实验中经常会遇到流体静压强的测量，其测量方法有液柱式测压法、弹性式测压法和电气式测压法。

液柱式测压法是将被测压强转变为液柱高度差。

弹性式测压法是将被测压强转变为弹性元件形变的位移。

电气式测压法是将被测压强转变为某种电量（如电容或电压）的变化。

上述方法测得的压强均为表压值，即以外界物理大气压为基准的压强值。表压值加外界物理大气压值即为被测对象的绝对压强值。

3.2.1 液柱式压差计

液柱式压差计是利用液柱高度产生的压力和被测压力相平衡的原理制成的测压仪表，这种测压仪表既可用于测定流体的压强，又可用于测量流体管道两截面间的压强差。在实验室中广泛应用于测量低压或真空度。

利用流体静力学原理来测量流体的压强或压差。由透明材料制作的U形管液柱压差计，内装与被测流体密度不同、不互溶、不反应的指示剂。压差计两端分别与压强为 p_1 和 p_2 的两个测压口相连接，如果 $p_1 \neq p_2$，则指示剂将显示出高度差 R，R 值正比于两测压口之间的压差。若压差计的一端与被测流体相连，另一端与大气相通，则显示值是测点处流体的绝对压强与大气压强之差，即表压强或真空度。根据使用场合的不同，可采用不同形式的压差计，也可组合使用。液柱式压差计的形式有如下几种。

（1）普通U形管压差计

如图3-3(a)所示，U形管压差计为最常用的一种液柱式压差计，指示剂密度 ρ_0 大于被测流体密度 ρ，根据流体静力学原理，U形管内位于同一水平面上的 a、b 两点在相连通的同一静止流体内，两点处静压强相等，由此可得

$$p_1 - p_2 = R(\rho_0 - \rho)g \tag{3-7}$$

上式即为由指示剂高度差 R 计算压差的公式。若被测流体为气体，其密度较指示剂密度小得多，上式可简化为

$$p_1 - p_2 = R\rho_0 g \tag{3-8}$$

（2）倒置U形管压差计

如图3-3(b)所示，倒置U形管压差计可用于测量液体的压差。指示剂密度 ρ_0 小于被测液体密度 ρ，a、b 两等压面如图3-3(b)所示，根据流体静力学原理可导出被测两点压差的计算公式为

$$p_1 - p_2 = R(\rho - \rho_0)g \tag{3-9}$$

（3）倾斜U形管压差计

如图3-3(c)所示，采用倾斜U形管可在测量较小的压差 Δp 时，得到较大的读数 R_1 值。压差计算式为

$$p_1 - p_2 = R_1 \sin\alpha(\rho_0 - \rho)g \tag{3-10}$$

（4）双液体U形管压差计

如图3-3(d)所示，两支管的顶端各有一个扩大室。一般要求扩大室内径应大于U形管内径的10倍。压差计内装有密度分别为 ρ_{01} 和 ρ_{02} 的两种指示剂。有微压差 Δp 存在时，尽管两扩大室液面高差得很小以致可忽略不计，但U形管内却可得到一个较大的 R 读数。此微压差计的压差计算式为

$$p_1 - p_2 = R(\rho_{01} - \rho_{02})g \tag{3-11}$$

由上述压差计算式可知，对一定的压差 Δp 而言，R 值的大小与所用的指示剂密度直接相

关，$|\rho_0-\rho|$ 越小，R 值就越大，读数精度也越高。对双液体压差计，只要所选两种指示液的密度差足够小，即便是很小的微压差信号，也可获得能满足读数精度要求的 R 值。

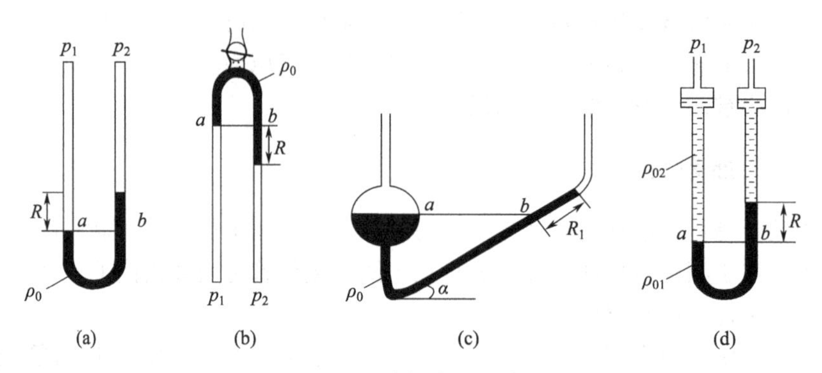

图 3-3 液柱式压差计

液柱式压差计虽然构造简单，使用方便，测量准确度高，但耐压程度差，结构不牢固，容易破碎，测量范围小，示值与工作液体密度有关，因此在使用中必须注意以下几点：

① 被测压力不能超过仪表的测量范围。有时因被测对象突然增压或操作不注意造成压力增大，会使指示液冲走，在实验室中要特别引起重视。

② 避免安装在过热、过冷、有腐蚀性液体或有振动的地方。

③ 选择指示液体时要注意不能与被测液体混溶或发生反应，根据所测压力的大小，选择合适的指示液体，常用指示液体有水银、水、四氯化碳、苯甲醇、煤油、甘油等。

④ 由于液体的毛细现象，在读取压力值时，视线应在液柱面上，观察水时应看凹面处，观察水银面时应看凸面处。

在使用过程中保持测量管和刻度标尺的清晰，定期更换工作液，经常检查仪表本身和连接管间是否有泄漏现象。

3.2.2 弹性式压力表

弹性式压力表是以弹性元件受压后所产生的弹性变形作为测量基础的，一般分为 3 类：薄膜式、波纹管式和弹簧管式。

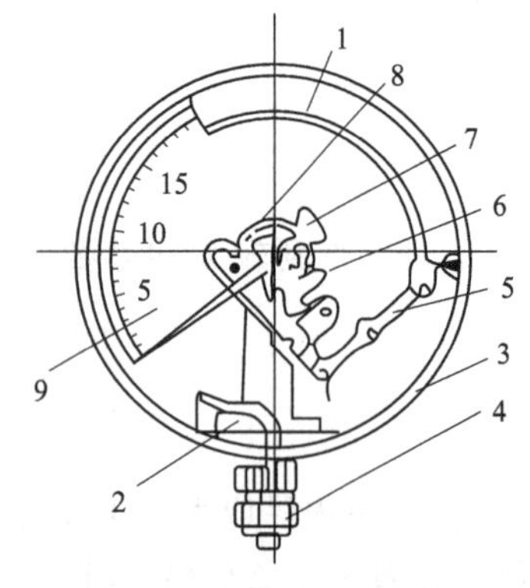

图 3-4 弹簧管式压力表结构

1—弹簧管；2—支座；3—外壳；4—接头；5—拉杆；6—扇形齿轮；7—指针；8—游丝；9—刻度盘

利用各种弹性元件测压的压力表，都是在力平衡原理基础上，以弹性变形的机械位移作为转换后的输出信号。弹性元件应保证在弹性变形的安全区域内工作，这时被测压力 p 与输出位移 x 之间一般是线性关系。这类压力表的性能主要与弹性元件的特性有关。各种弹性元件的特性则与材料、加工和热处理的质量有关，并且对温度敏感性很强。弹性压力表由于测压范围较宽、结构简单、现场使用和维修方便，所以在化工和炼油生产乃至实验室中仍然广泛使用。以 YTXC-100/150-Z 的弹簧管式压力表为例，如图 3-4 所示。其使用工作温度为 −25～55℃，工作压力上限不大于仪表上限的 2/3，在测量范围内的压力值由指针显示，刻度盘的指示范围一般做成 270°。

弹性式压力表按其测量精确度分为精密压力表和一般压

力表。精密压力表的测量精度等级分别为 0.05、0.1、0.16、0.25、0.4 级；一般压力表的测量精度等级分别为 1.0、1.6、2.5、4.0 级。

弹性式压力表按测量介质特性不同可分为一般型压力表、耐腐蚀型压力表、防爆型压力表和专用型压力表。

① 一般型压力表用于测量无爆炸、不结晶、不凝固，对铜和铜合金无腐蚀作用的液体、气体或蒸气的压力。

② 耐腐蚀型压力表用于测量腐蚀性介质的压力，常用的有不锈钢型压力表、隔膜型压力表等。

③ 防爆型压力表用在环境中有爆炸性混合物的危险场所，如防爆电接点压力表、防爆变送器等。

④ 专用型压力表：由于被测量介质的特殊性，在压力表上应有规定的色标，并注明特殊介质的名称，氧气表必须标以红色“禁油”字样，氢气用深绿色下横线色标，氨气用黄色下横线色标等。

压力表常用附件如下：

① 压力表开关，如图 3-5 所示。用于被测介质与压力表的连接，起开或关的作用。

② 压力表缓冲管，如图 3-6 所示。用于冷却被测介质，平缓压力波动。

图 3-5 压力表开关

图 3-6 压力表缓冲管

3.2.3 差压变送器

现代化工生产过程中对压力测量信号进行远距离传送、显示、报警、检测与自动调节，常采用差压变送器，其外形如图 3-7 所示。

差压变送器是一种将压差值转换成电量的仪表，一般由差压传感器、测量电路以及指示、记录装置组成。

差压传感器大多数以弹性元件作为感压元件。弹性元件在压力作用下的位移通过电气装置转变为电量，再由相应的仪表将这一电量测出，并以压差值表示出来。这类差压传感器常用的有电容式，其工作原理如图 3-8 所示。被测介质的两种压力通入高、低两个压力室，作用在两侧隔离膜片上，通过隔离膜片和元件内的填充液把压力传送到检测膜片两侧。由于检测膜片与两侧隔离膜片的电极各组成一个电容，当两侧压力不一致时，检测膜片发生位移，其位移量和压力差成正比，故两侧电容量就不等，通过振荡和解调环节，转换成与差压成正比的信号。电容式差压变送器的工作原理和差压变送器工作原理相同，所不同的是低压室压力是大气压或真空。

图 3-7　差压变送器

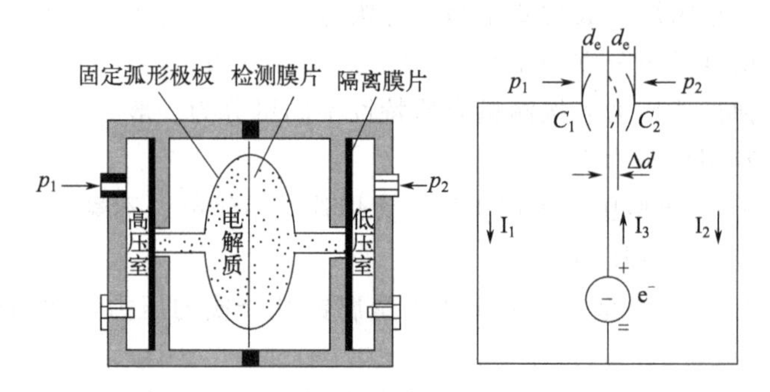

图 3-8　电容式差压变送器结构及电气原理

3.2.4　测压仪表的选用

测压仪表的选用应根据使用要求，针对具体情况作具体的分析。在符合工艺生产过程所提出的技术要求条件下，本着节约原则，合理地选择种类、型号、量程和精度等级，有时还需要考虑是否带报警、远传变送等附加装置。

选用的依据有如下几点：一是工艺生产过程对压力测量的要求；二是被测介质的性质；三是现场环境条件。一般在被测压力较稳定的情况下，最大压力值不应超过满量程的 3/4，被测压力波动较大时，最大压力值不应超过满量程的 2/3。为了保证测量精度，被测压力最小值以不低于全量程的 1/3 为宜。

3.2.5　测压仪表的安装

为了使测压仪表发挥应有的作用，不仅要正确地选用，还需特别注意正确地安装。安装时注意以下 5 点要求：

① 应当正确选定设备的具体测压位置，在安装时应使插入设备中的取压管内端面与设备连接处的内壁保持平齐，不应有凸出物或毛刺，且测压孔不宜过大，以保证正确地取得静压力。在测压点的上、下游应有一段直管稳定段，以避免流体对测量的影响。

② 安装点应避免振动和高温的影响。弹性式压力表在高温时，其指示值将偏高，因此一般应在 50℃的环境下工作，或利用必要的防热措施。

③ 测量蒸气压力时，应加装冷凝管以防止蒸气与测压元件的直接接触；对腐蚀性介质，应加装有中性介质的隔离罐。总之，针对被测介质的不同性质，采取相应的防温、防腐、防冻、防堵等措施。

④ 取压口到压力表之间应装有切断阀门，以便检修压力表时使用。切断阀门应装在靠近取压口的地方。需要进行现场校验和经常冲洗引压管的场合，切断阀可改用三通开关。

⑤ 引压导管不宜过长，以减少压力指示的延缓。

3.3　流体的流量测量

流量是指单位时间内流体流过管道截面的量，若流过的量以体积计量，则称为体积流量，以 q_v 表示；若以质量计量，则称为质量流量，以 w 表示，两者关系是

$$w=\rho q_{\mathrm{v}} \tag{3-12}$$

式中，ρ 是被测流体的密度，它随流体的状态而变。因此，以体积流量表示时，必须指明被测流体的压强和温度。一般以体积流量描述的流量计，其指示刻度都是以水或空气为介质，在标准状态下进行标定的。若实际使用条件和生产厂家标定条件不符合时，需对流量计进行校正或现场重新标定。

流量测量方法和仪表种类繁多，可供工业用的流量仪表达 60 种之多，原因在于至今还没有找到一种对任何流体、任何量程、任何流动状态以及任何使用条件都适用的流量仪表。按流量计结构原理分为容积式流量计、叶轮式流量计、差压式流量计、变面积式流量计、电磁流量计、超声流量计和质量流量计等。以下介绍几种常用的流量计。

3.3.1 测速管

测速管又称皮托管（Pitot tube），是利用流体冲压能（动压能 $u^2/2$ 与静压能 p/ρ 之和）与静压能之差检测流速的测量元件。如图 3-9 所示，其主要结构为一同心套管，内管前端开口，外管前端封闭，距端头一定距离在外管壁上沿周向开有几个小孔。测量时，由充满内管、外管的被测介质将测口处的压强分别传递到压差测量装置如 U 形差压计的两个端口。内管前端开口 A 正对来流方向，迎面而来的流体必在 A 点处停止，该点称为驻点。根据伯努利方程，来流的动能与势能之和在驻点处全部转化为势能，即

$$gz_1+\frac{p_1}{\rho}+\frac{u_1^2}{2}=gz_A+\frac{p_A}{\rho} \tag{3-13}$$

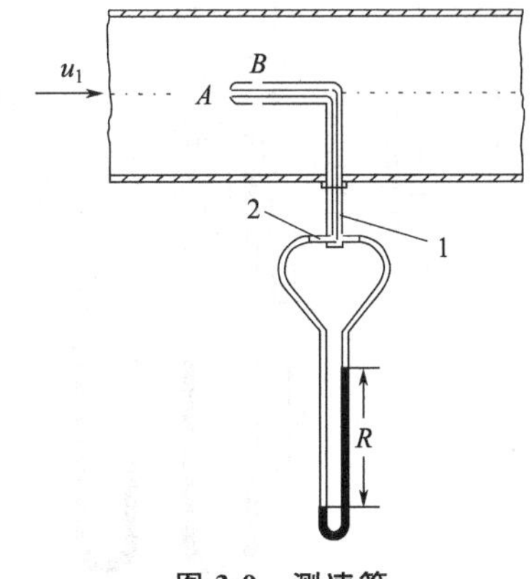

图 3-9 测速管

1—静压管（外管）；2—冲压管（内管）

而距 A 点很近的 B 点外管壁上测压小孔的法线与流动方向垂直，因此所感受的压强为测点处流体的静压强。忽略测速管本身对流速的干扰以及 A、B 两点间流体的阻力损失，则在来流与 B 点之间的伯努利方程为

$$gz_1+\frac{p_1}{\rho}+\frac{u_1^2}{2}=gz_B+\frac{p_B}{\rho}+\frac{u_1^2}{2} \tag{3-14}$$

即

$$gz_1+\frac{p_1}{\rho}=gz_B+\frac{p_B}{\rho} \tag{3-15}$$

将其代入式(3-13)，即得到测速管测量流速的基本公式

$$u_1=\sqrt{2\left[\frac{p_A-p_B}{\rho}+g(z_A-z_B)\right]} \tag{3-16}$$

由于 A、B 之间相距很近，因此无论管道是否水平放置，其垂直位差 z_A-z_B 一般都可忽略不计。当使用指示液密度为 ρ_0 的 U 形管显示差压时，式(3-16) 成为

$$u_1=\sqrt{\frac{2gR(\rho_0-\rho)}{\rho}} \tag{3-17}$$

测速管的安装应保证内管开口截面严格垂直于来流方向，否则就不满足式(3-13)、式(3-14) 的测量原理。测速管自身因为制造精度等方面的原因也会引起偏差，一般出厂时需经过校验并标明校正系数。为了尽可能满足测速管的测量原理，还应注意以下两点：

① 测点应位于均匀流速段。通常上、下游应有 50 倍管径的直管长度，大管径的倍数可适当减小。一般厂方提供的产品样本中会给出安装的具体要求。

② 尽量减少测速管对流动的干扰，一般测速管直径应小于管径的 1/50。

测速管的优点是结构简单，对被测流体的阻力小，尤其适用于低压、大管道气体流速的测量。缺点是输出的压差信号较小，一般需要放大后才能较为精确地显示其读数。此外，测速管测得的是点速度，若以流量测量为目的，还必须在同一截面上进行多点测量积分求算或求其平均流速进而求得流量。在已知流速分布规律的情况下，例如圆管内层流或湍流，就可以通过一个点或若干点的测量值进行推算。

3.3.2 孔板流量计与文丘里流量计

(1) 孔板流量计

孔板流量计是通过改变流体在管道中的流通截面积而引起动能与静压能改变来检测流量的装置。如图 3-10 所示，其主要元件是在管道中插入的一块中心开圆孔的板。流体流经孔板时因流道缩小、动能增加，且由于惯性作用从孔口流出后继续收缩形成一最小截面（缩脉）2—2。该截面处流速最大因而静压相应最低，在孔板前上游截面 1—1 与该截面之间列伯努利方程

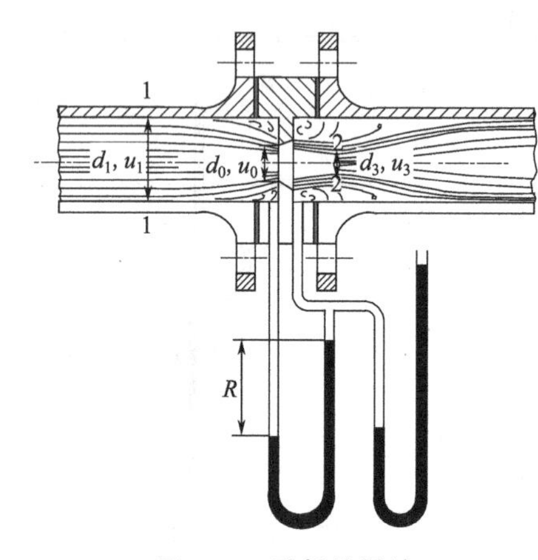

图 3-10　孔板流量计

$$\frac{u_1^2}{2}+\frac{p_1}{\rho}+gz_1=\frac{u_2^2}{2}+\frac{p_2}{\rho}+gz_2 \tag{3-18}$$

即

$$\sqrt{u_2^2-u_1^2}=\sqrt{2\left[\frac{p_1-p_2}{\rho}+g(z_1-z_2)\right]} \tag{3-19}$$

但是，以上方程中缩脉截面 2—2 的准确轴向位置以及截面积都难以确定，与 u_2、p_2 的对应关系也就不确定。实际流体通过孔板的阻力损失尚未计入，一般工程上采用规定孔板两侧测压口位置，用孔口流速 u_0 代替 u_2 并相应乘上一个校正系数 C 的办法对式(3-19) 进行修正，即

$$\sqrt{u_0^2-u_1^2}=C\sqrt{2\left[\frac{p_1-p_2}{\rho}+g(z_1-z_2)\right]} \tag{3-20}$$

又根据连续性方程，对不可压缩流体有

$$u_1=u_0\left(\frac{d_0}{d_1}\right)^2 \tag{3-21}$$

将其代入式(3-20)，得

$$u_0=\frac{C}{\sqrt{1-(d_0/d_1)^4}}\sqrt{2\left[\frac{p_1-p_2}{\rho}+g(z_1-z_2)\right]}=C_0\sqrt{2\left[\frac{p_1-p_2}{\rho}+g(z_1-z_2)\right]} \tag{3-22}$$

若 U 形管指示液密度为 ρ_0，则

$$R(\rho_0-\rho)g=(p_1-p_2)+(z_1-z_2)\rho g \tag{3-23}$$

$$u_0=C_0\sqrt{\frac{2gR(\rho_0-\rho)}{\rho}} \tag{3-24}$$

所以管道内体积流量为

$$q_v = u_0\left(\frac{\pi d_0^2}{4}\right) = C_0 A_0 \sqrt{\frac{2R(\rho_0-\rho)g}{\rho}} \tag{3-25}$$

式中，C_0 为孔板流量系数，简称孔流系数，取决于管内流动的 Re 和孔板开孔截面积与管道截面积的比值，即 $(d_0/d_1)^2$，以及取压方式、孔板加工与安装情况等多方面因素，一般通过实验测定。按照规定方式加工、安装的标准孔板流量计，孔流系数 C_0 可以表示为

$$C_0 = f(Re_d, d_0/d_1) \tag{3-26}$$

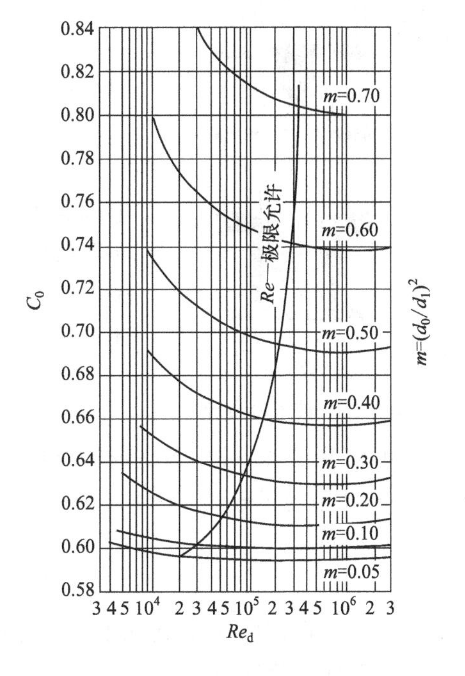

图 3-11　标准孔板孔流系数曲线

式中，Re_d 是管道中流体的雷诺数，即 $Re_d = du_1\rho/\mu$。实验测得一系列条件下的 C_0 与 Re_d、$(d_0/d_1)^2$ 的关系如图 3-11 所示，当 Re_d 增加到某个值以后，C_0 值即不再随其改变而仅由孔板加工参数 $(d_0/d_1)^2$ 决定。因此设计或选用孔板流量计应尽量使其工作在该范围内，C_0 值为常数，一般在 0.6～0.7 之间。

孔板流量计的优点是构造简单，制作、安装都方便，因而应用十分广泛。其缺点是被测介质阻力损失大，原因在于孔板的锐孔结构使流体流过时产生突然缩小和突然扩大的局部阻力损失。

(2) 文丘里流量计

文丘里（Venturi）流量计是通过改变流体流通截面积引起动能与静压能改变来进行测量的，其原理与孔板流量计相同，但结构上采取渐缩后渐扩的流道（图 3-12），避免使流体出现边界层分离而产生旋涡，因此阻力损失较小。

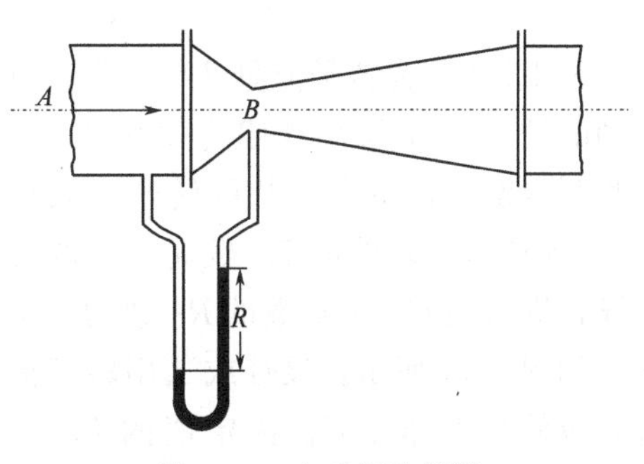

图 3-12　文丘里流量计

文丘里流量计的计算公式仍可采用式(3-25)的形式，所不同的是用文丘里流量系数 C_v 代替其中的孔流系数 C_0，即

$$q_v = C_v A_0 \sqrt{\frac{2R(\rho_0-\rho)g}{\rho}} \tag{3-27}$$

式中，C_v 也随 Re_d 和文丘里管的结构而变，由实验标定。在湍流情况下，喉径与管径比在 0.25～0.5 的范围内，C_v 的值一般为 0.98～0.99。

3.3.3 转子流量计

转子流量计的测量方法与前述直接测量压差改变的方法有所不同。如图 3-13 所示，其主要结构是在上大下小的垂直锥形管内放置一个可以上下浮动的转子，转子材料的密度大于被测流体。流体自下而上流过锥形管时，首先推动转子上浮，在转子与锥形管壁之间形成流体的环隙通道。由于流道截面减小、流速增大，流体静压随之降低并在转子上下截面形成压差

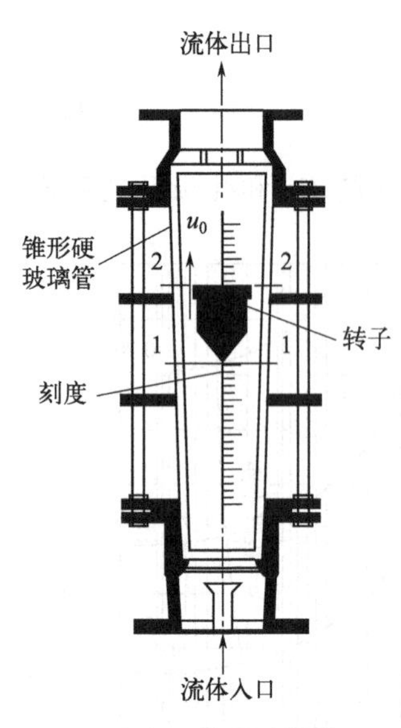

图 3-13　转子流量计

(p_1-p_2) 而给转子施加一个向上的推力使之上升。随着转子上升，环隙截面积增大、流速下降，因而施加给转子的推力减小，当转子上升到某一位置 z_2 时，流体通过环隙的流速为 u_0，推力与转子的重力相平衡而稳定在此高度上，此时

$$(p_1-p_2)A_f=V_f\rho_f g \tag{3-28}$$

式中，A_f 与 V_f 分别为转子截面积（最大部分）和体积。通过伯努利方程将 p_1-p_2 表达为

$$p_1-p_2=(z_2-z_1)\rho g+\left(\frac{u_0^2}{2}-\frac{u_1^2}{2}\right)\rho \tag{3-29}$$

上式表明流体在转子上、下两端面处产生压差的原因一是流体在两截面的位能差，二是动能差，因前者形成的压差作用于转子上的力即称为浮力。由连续性方程，转子上、下两端面处流体的速度应有如下关系

$$u_1=u_0\frac{A_0}{A_1} \tag{3-30}$$

式中，A_1、A_0 分别为锥形管面积和转子稳定高度 z_2 处的环隙流通截面积。将其代入式(3-29) 并用转子截面积 A_f 通乘各项，得

$$(p_1-p_2)A_f=(z_1-z_2)A_f\rho g+A_f\rho\left[1-\left(\frac{A_0}{A_1}\right)^2\right]\frac{u_0^2}{2} \tag{3-31}$$

将转子受力平衡式(3-28) 代入上式，并用转子体积 V_f 代替式中的 $(z_1-z_2)A_f$，推得转子流量计中流体的流速为

$$u_0=\frac{1}{\sqrt{1-(A_0/A_1)^2}}\sqrt{\frac{2V_f(\rho_f-\rho)g}{\rho A_f}}=C_R\sqrt{\frac{2V_f(\rho_f-\rho)g}{\rho A_f}} \tag{3-32}$$

式中，C_R 为转子流量计校正系数（也称为流量系数），包含了以上推导过程中尚未考虑到的转子形状与流动阻力等因素的影响。实验测定发现，不同形状的转子，流量系数 C_R 随流体流过环隙的 Re 数而变化的规律不一样，进入到 C_R 为常数的 Re 数的值也不相同，如图 3-14 所示。设计或选用转子流量计时，应使其工作在 C_R 为定值的 Re 数范围内，这样一来根据式(3-32)，不论转子位置的高低、流量的大小，环隙速度 u_0 始终为一常数，据此可以按下式标定转子流量计的流量

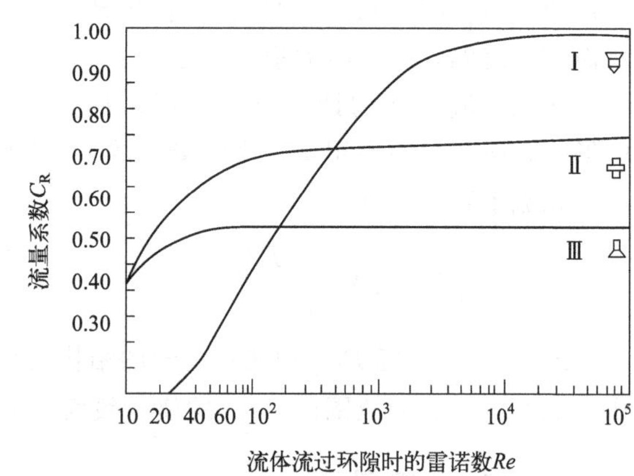

图 3-14　转子流量计的流量系数

$$q_v=A_0u_0=A_0C_R\sqrt{\frac{2V_f(\rho_f-\rho)g}{\rho A_f}} \tag{3-33}$$

式中，A_0 是环隙面积，在锥管中正比于转子所在的高度。

转子流量计出厂时一般使用 20℃的水或者 20℃、0.1MPa 的空气进行流量标定并直接按高度设置刻度。如被测流体与标定条件不符应进行刻度换算。根据式(3-33)，在流量系数

C_R 保持为常数的条件下，同一环隙面积（即同一刻度位置）处流量 q'_v 与被测流体的密度 ρ' 之间的换算公式为

$$q'_v = q_v \sqrt{\frac{\rho(\rho_f - \rho')}{\rho'(\rho_f - \rho)}} \tag{3-34}$$

式中，ρ_f 为转子材料的密度，kg/m^3；ρ 为标定流体的密度，kg/m^3；ρ' 为被测流体的密度，kg/m^3；q'_v 为被测流体的流量，m^3/s；q_v 为标定流体的流量，m^3/s。

参照以上方法，对改变转子材料即 ρ_f 大小的情况也可进行换算。

3.3.4 涡轮流量计

涡轮流量计是一种精度较高的速度式流量计，它由涡轮流量变送器和显示仪表组成。其结构如图 3-15 所示，当流体通过涡轮壳体时，冲击涡轮叶片，使涡轮发生旋转，由于涡轮的叶片与流体来流方向有一定的角度，流体的冲力使叶片具有转动力矩，克服摩擦力矩和流动阻力之后旋转，在力矩平衡后转速稳定。变送器壳体上的检测线圈产生一个稳定的电磁场。在一定流量范围和流体黏度下，涡轮的转速与流体流量成正比。涡轮旋转时，涡轮的叶片切割电磁场，周期性地改变线圈的磁通量，线圈内便产生了感应脉冲数量（脉冲数/s），此信号经过放大器放大整形，形成有一定幅度的、连续的矩形脉冲波，远传至显示仪表，从而显示出流体的瞬时流量和累计量。

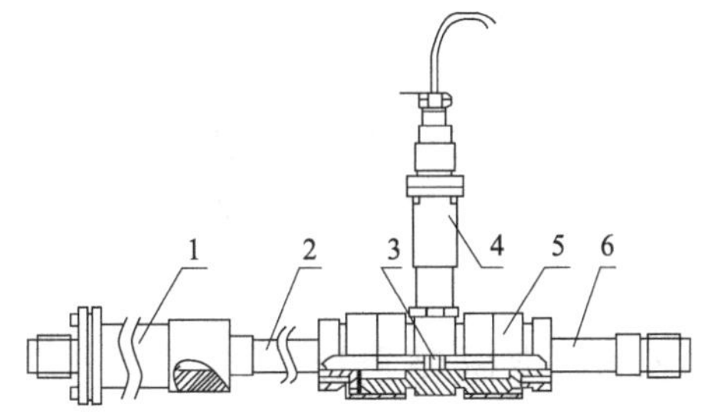

图 3-15 涡轮流量计结构

1—过滤器；2—前直管段；3—叶轮；4—前置放大器；5—壳体；6—后直管段

在一定的流量范围内，脉冲频率 f（Hz）与流经传感器的流体瞬时流量 q_v（m^3/h）成正比，其流量公式为

$$q_v = 3600 \times \frac{f}{k} \tag{3-35}$$

式中，k 为传感器的仪表系数，m^{-3}。

每台传感器的仪表系数由制造厂填写在检定证书中，k 值设定在配套的显示仪表中，便可显示出瞬时流量和累计流量。

涡轮流量计安装时应注意管道中流体的流动方向应与变送器标牌上箭头方向一致，进、出口处前后的直管段不小于 $15d$ 和 $5d$。调节流量的阀门应在后直管段 $5d$ 以外处。为了避免流体中的杂质堵塞涡轮叶片，在变送器前直管段的前部安装 20～60 目的过滤器。涡轮流量变送器与二次显示仪表都应有良好的接地，连接电缆应采用屏蔽电缆。

3.3.5 涡街流量计

涡街流量计如图 3-16 所示，它是应用流体振荡原理来测量流量的。流体在管道中经过涡街流量变送器时，在三角柱的旋涡发生体上、下交替产生正比于流速的两列旋涡，旋涡的释放频率与流过旋涡发生体的流体平均速度及旋涡发生体特征宽度有关，可用下式表示为

$$f = \frac{S_t u}{d} \tag{3-36}$$

式中，f 为旋涡的释放频率，Hz；u 为流过旋涡发生体的流体平均速度，m/s；d 为旋

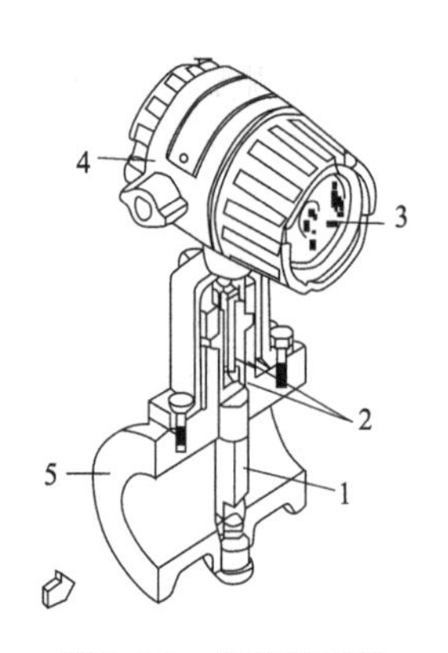

图 3-16　涡街流量计

1—旋涡发生体；2—压电元件；3—输出指示器；4—转换器；5—壳体

涡发生体特征宽度，m；Sr 为斯特劳哈尔数，$Sr=f\left(\frac{1}{Re}\right)$，它的数值范围为 0.14～0.27。

当雷诺数 Re 在 $10^2\sim10^5$ 范围内，Sr 值约为 0.2，因此，在测量中，要尽量满足流体的雷诺数在 $10^2\sim10^5$，旋涡频率 $f=\frac{0.2u}{d}$。

由此可知，通过测量旋涡频率可以计算出流过旋涡发生体的流体平均速度 u，再由式 $q_v=uA$ 可以求出流量 q_v（m^3/s），其中 A 为流体流过旋涡发生体的截面积（m^2）。

涡街流量计使用时尽量减少管道内汽锤对涡街发生体的冲击。尽量安装在远离振动源和电磁干扰较强的地方，振动存在的地方必须采用减振装置，减少管道受振动的影响。振动较大而又无法消除时，不宜采用涡街流量计。

涡街流量计的前、后直管段要满足涡街流量计的要求，所配管道内径也必须和涡街流量变送器内径一致。

3.3.6　电磁流量计

电磁流量计是根据法拉第电磁感应定律进行流量测量的。电磁流量计的结构主要由磁路系统、测量导管、电极、外壳、衬里和转换器等部分组成。其传感器结构如图 3-17 所示。在工作管道的两侧有一对磁极，产生均匀的磁场，另有一对电极安装在与磁力线和管道垂直的平面上。当导电流体以平均速度 u 流过直径为 d 的测量管道段时，导电流体在磁场中沿垂直方向流动而切割磁力线，于是在管道两边的电极上产生感应电势 E。如图 3-18 所示，感应电势的方向由右手定则判定，感应电势的大小由下式确定，即

$$E=C_1Bdu \tag{3-37}$$

式中，E 为感应电势，V；B 为磁感应强度，T；d 为管道内径，m；C_1 为常数；u 为流体的平均流速，m/s。

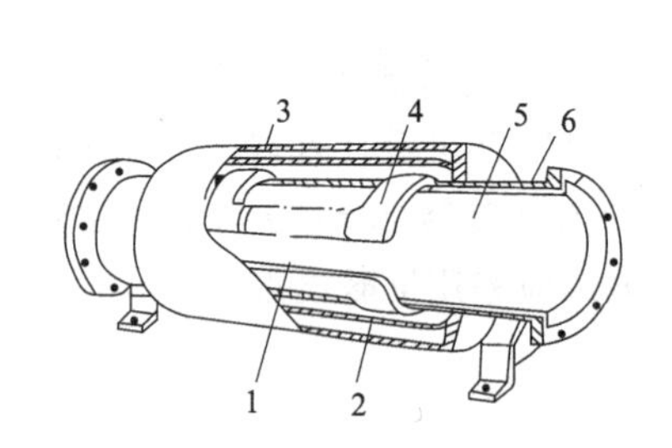

图 3-17　电磁流量计传感器结构

1—电极；2—铁芯；3—外壳；4—激磁线圈；5—衬里；6—测量导管

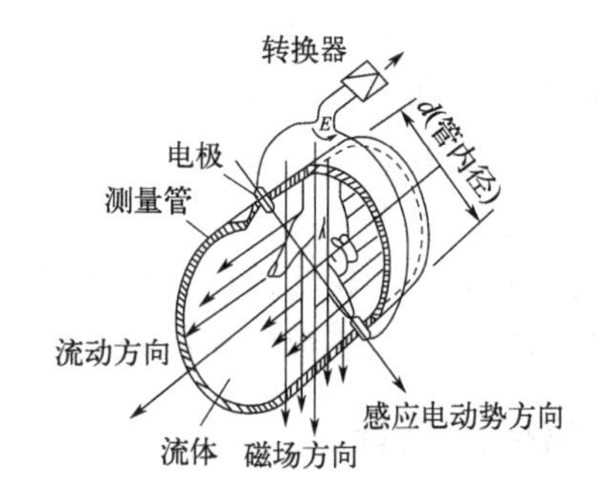

图 3-18　测量原理

流体的体积流量 q_v 为

$$q_v=\frac{\pi}{4}d^2u=\frac{\pi d}{4C_1B}E \tag{3-38}$$

由上式可知，在管道直径 d 已定且保持磁感应强度 B 不变时，被测流体的体积流量与感应电势呈线性关系。若在管道两侧各插入一根电极，就可引入感应电势 E，测量此电势的大小，就可求得体积流量。

传感器将感应电势 E 作为流量信号，传送到转换器，经放大、变换滤波等信号处理后，用带背光的点阵式液晶显示瞬时流量和累积流量。

电磁流量计可安装在管路的最低点或者管路的垂直段，但是一定是在满管流的情况下，对直管段要求是前 $5d$ 后 $3d$，这样才能保证电磁流量计的使用和对精度的要求。电磁流量计的测量原理不依赖流量的特性，如果管路内有一定的湍流与旋涡产生在非测量区内，则与测量无关。如果在测量区内有稳态的涡流则会影响测量的稳定性和测量的精度，这时则应采取一些措施以稳定流速分布：①增加前后直管段的长度。②采用一个流量稳定器。③减少测量点的截面。

电磁流量计测量范围大，可测量正反双向流量，脉动频率低于激磁频率很多的情况下也可测定脉动流量。

使用电磁流量计测量含有悬浮固体或污脏流体时应注意：由于电磁流量计内壁会有附着层产生，若附着层电导率与液体电导率相近，仪表还能正常输出信号，但改变了流通面积，形成测量误差；若是高电导率附着层，电极间电动势将被短路；若是绝缘性附着层，电极表面被绝缘而断开测量电路使仪表无法工作。

3.3.7 非接触式流量计

非接触式流量计主要为超声波流量计。超声波流量计是随着集成电路技术的发展才出现的一种非接触式仪表，适于测量不易接触、观察的流体以及大管径流量。超声波流量计不在流体中安装测量元件，故不会改变流体的流动状态，不产生附加阻力，仪表的安装及检修均可在不影响生产管线运行的情况下进行。

超声波在流动的流体中传播时就载上流体流速的信息，因此通过接收到的超声波就可以检测出流体的流速，从而换算成流量。根据检测的方式，可分为传播速度差法（时差法、相位差法和频差法）、多普勒法、波束偏移法、噪声法等不同类型的超声波流量计。目前常采用的测量方法主要有两类：时差法和多普勒法。

超声波流量计目前所存在的缺点主要是可测流体的温度范围受超声波换能器、换能器与管道之间耦合材料的耐温程度限制，以及高温下被测流体传声速度的原始数据不全。另外，超声波流量计的测量线路比一般流量计复杂。

上述不同流量计具有不同的应用场景，需要甄别使用场景进行具体的选用。例如：涡街流量计结构简单，在化工厂中应用场景最广，但其抗振性能差，直管段要求高；涡轮流量计因具有内部涡轮设计，不能用于含杂质多的流体的测量；电磁流量计需用于导电性流体的测量，故一般不用于气体的流量测定。

3.4 液 位 计

3.4.1 液位计分类

在化工生产和实验室中，经常要观察容器或设备中的液位，常用液位计有玻璃管液位计、玻璃板液位计、差压式液位计、吹泡式液位计、电容式液位计、浮力式液位计、放射性物位计、超声波物位计等。

玻璃管液位计和玻璃板液位计统称为连通器式液位计。它的特点是结构简单、价廉、直观，适于现场使用，但易破损，内表面沾污会造成读数困难，不便于远传和调节。

差压式液位计有气相和液相两个取压口。气相取压点处压力为设备内气相压力；液相取压点处压力除受气相压力作用外，还受液柱静压力的作用，液相和气相压力之差，就是液柱所产生的静压差。这类仪表包括气动、电动差压变送器，法兰式连接，安装方便，容易实现远传和自动调节，工业上应用较多。

吹泡式液位计是应用静压原理测量敞口容器液位。压缩空气经过过滤减压阀后，再经定值器输出一定的压力，经节流元件后分两路：一路进到安装在容器内的导管，由容器底部吹出；另一路进入压力计进行指示。当液位最低时，气泡吹出没有阻力，背压为零，压力计指零；当液位增高时，气泡吹出要克服液柱的静压力，背压增加，压力指示增大。因此，背压是压力计指示的压力大小，反映了液面的高低。吹泡式液位计结构简单、价廉，适用于测量具有腐蚀性、黏度大和含有悬浮颗粒的敞口容器的液位，但精度较低。

电容式液位计是采用测量电容的变化来测量液面的高低。它是将一根金属棒插入盛液容器内，金属棒作为电容的一个极，容器壁作为电容的另一极。两电极间的介质即为液体及其上面的气体。由于液体的介电常数 ε_1 和液面上的介电常数 ε_2 不同，比如：$\varepsilon_1>\varepsilon_2$，则当液位升高时，两电极间总的介电常数值随之加大因而电容量增大；反之当液位下降，ε 值减小，电容量也减小。所以，可通过两电极间电容量的变化来测量液位的高低。电容式液位计的灵敏度主要取决于两种介电常数的差值，并且只有 ε_1 和 ε_2 的恒定才能保证液位测量准确，因被测介质具有导电性，所以金属棒电极都有绝缘层覆盖。电容液位计体积小，容易实现远传和调节，适用于具有腐蚀性和高压介质的液位测量。

放射性物位计是利用物位的高低对放射性同位素的射线吸收程度不同来测量物位高低的，它的测量范围宽，可用于低温、高温、高压容器中的高黏度、高腐蚀、易燃易爆介质物位的测量。但此类仪表成本高，使用维护不方便，射线对人体危害性大。

超声波物位计是利用超声波在气体、液体或固体中的衰减、穿透能力和声阻抗不同的性质来测量两种介质的界面。此类仪表精度高、反应快，但成本高、维护维修困难，都用于要求测量精度较高的场合。以下详细介绍常用的磁浮子液位计。

3.4.2 磁浮子液位计

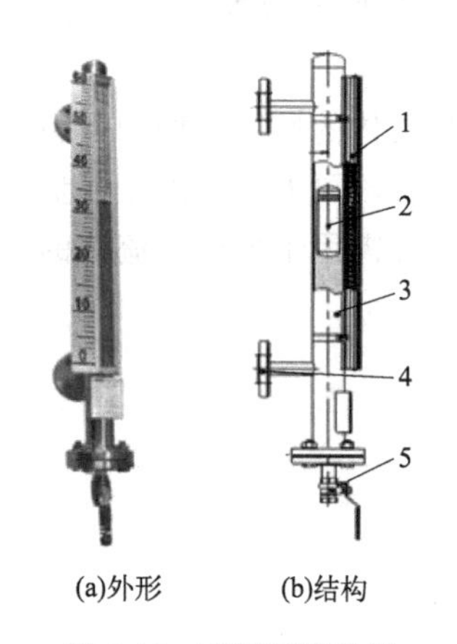

图 3-19 磁浮子液位计

1—指示器；2—浮子；3—筒体；4—法兰；5—排污阀

磁浮子液位计是以磁性浮子为感应元件，并通过磁性浮子与显示色条中磁性体的耦合作用，反映被测液位或界面的测量仪表，如图 3-19 所示。磁浮子液位计和被测容器形成连通器，保证被测容器与测量管体间的液位相等。当液位计测量管中的浮子随被测液位变化时，浮子中的磁性体与显示条上显示色标中的磁性体作用，使其翻转，红色表示有液，白色表示无液，以达到就地准确显示液位的目的。磁浮子液位计又叫磁翻板或磁翻柱液位计，是玻璃板、玻璃管液位计的升级换代产品。就地显示无须电源，显示部分和介质完全隔离，不会因介质污染显示条而使观测受到影响。同时又具有玻璃板液位计不具备的特点。例如不用担心因温度或压力产生破裂，可捆绑磁性开关，并且可根据需要调节开关点位置，安装捆绑式液位变送器，输出 4～20mA 信号，从而实现远距离检测或控制。

磁浮子液位计是按照化学工业部颁布的磁性液位计标准 HG/T 21584—95 研制生产的。磁浮子液位计由现场指示部分及其辅助装置（液位控制开关和液位远传变送器）两部分组成，该仪表可用于各种塔、罐、槽、球型容器和锅炉等设备的介质液位检测。该系列的液位计可以做到高密封，防泄漏和适用于高温、高压、耐腐蚀的场合，它弥补了玻璃管液位计指示清晰度差、易破裂等缺陷，且全过程测量无盲区，显示清晰、测量范围大。

3.5 分析仪器

3.5.1 阿贝折射仪

阿贝折射仪是能测定透明、半透明液体或固体的折射率 n_D 和平均色散 n_F 的仪器（其中以测透明液体为主），如仪器上接恒温器，则可测定温度为 0～70℃内的折射率 n_D。其外形结构如图 3-20 所示。

阿贝折射仪的工作原理为折射定律，若光线从光密介质进入光疏介质，入射角小于折射角，改变入射角可以使折射达到 90°，此时的入射角称为临界角，本仪器测定折射率是基于测定临界角的原理。

光与物质相互作用可以产生各种光学现象，如光的折射、反射、散射等，通过分析研究这些光学现象，可以提供原子、分子及晶体结构等方面的大量信息。所以在物质的成分分析、结构测定及光化学反应等方面，都离不开光学测量。折射率是物质的重要物理常数之一，许多纯物质都具有一定的折射率，如果其中含有杂质则折射率将发生变化，出现偏差，杂质越多，偏差越大。因此通过折射率的测定，可以测定物质的浓度。

一束单色光从介质Ⅰ进入介质Ⅱ（两种介质的密度不同）时，光线在通过界面时改变了方向，这一现象称为光的折射，如图 3-21 所示。

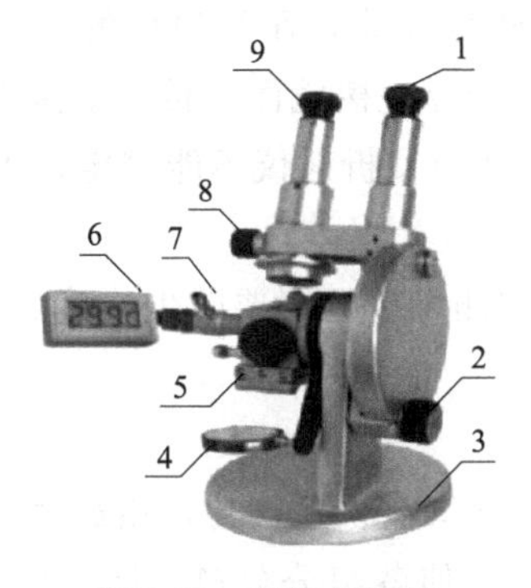

图 3-20 阿贝折射仪

1—读数望远镜；2—手轮；3—底座；4—反射镜；
5—测量棱镜组；6—温度计；7—恒温水入口；
8—消散手轮；9—测量望远镜

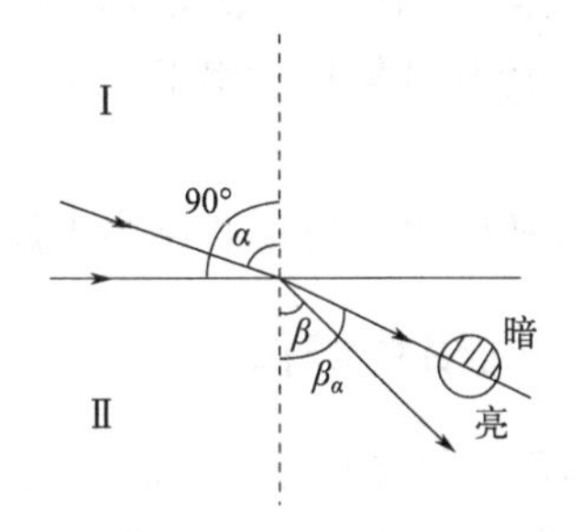

图 3-21 光的折射

在实际测量折射率时，入射光不是单色光，而是由多种单色光组成的普通白光，因不同波长的光的折射率不同而产生色散，在目镜中能看到一条彩色的光带，而没有清晰的明暗分界线，为此，在阿贝折射仪中安置了一套消色散棱镜。通过调节消色散棱镜，使测量棱镜出来的色散光线消失，明暗分界线清晰，此时测得的液体的折射率相当于用单色光线所测得的折射率 n_D。

以阿贝折射仪测定乙醇和水液体混合物的折射率为例，阐述其操作步骤如下。

① 仪器安装。将阿贝折射仪安放在光亮处，但应避免阳光的直接照射，以免液体试样受热迅速蒸发。用超级恒温槽将恒温水通入棱镜夹套内，设定超级恒温槽内恒温水温度为35℃，保持棱镜上温度计的读数一直恒定。

② 加样。旋开测量棱镜和辅助棱镜的闭合旋钮，使辅助棱镜的磨砂斜面处于水平位置，若棱镜表面不清洁，可滴加少量丙酮，用擦镜纸单一方向轻擦镜面，不可来回擦。待镜面洗净干燥后，用滴管滴加数滴试样于辅助棱镜的毛镜面上，迅速合上辅助棱镜，旋紧闭合旋钮。若液体易挥发，动作要迅速，或先将两棱镜闭合，然后用滴管从加液孔中注入试样，注意切勿将滴管折断在孔内。

③ 调光。转动镜筒使之垂直，调节反射镜使入射光进入棱镜，同时调节测量望远镜的焦距，使测量望远镜中十字线清晰明亮。预调节手轮，使折射率保持在 1.3300～1.3600 之间，通过消散手轮调节消色散补偿器，使测量望远镜中彩色光带消失。再微调节手轮，使明暗的界面恰好同十字线交叉处重合。

④ 读数。从读数望远镜中读出刻度盘上的折射率数值。常用的阿贝折射仪可读至小数点后的第四位，为了使读数准确，一般应将试样重复测量三次，每次相差不能超过 0.0002，然后取平均值。

阿贝折射仪是一种精密的光学仪器，使用时应注意以下几点：

① 使用时要注意保护棱镜，清洗时只能用擦镜纸而不能用滤纸等。加试样时不能将滴管口触及镜面。酸、碱等腐蚀性液体不得使用阿贝折射仪。

② 每次测定时，试样不可加得太多，一般只需加 2～3 滴即可。

③ 要注意保持仪器清洁，保护刻度盘。每次实验完毕，要在镜面上加几滴丙酮，并用擦镜纸擦干。最后用两层擦镜纸夹在两棱镜镜面之间，以免镜面损坏。

④ 读数时，有时在目镜中观察不到清晰的明暗分界线，而是畸形的，这是由于棱镜间未充满液体；若出现弧形光环，则可能是由于光线未经过棱镜而直接照射到聚光透镜上。

⑤ 若待测试样折射率不在 1.3～1.7 范围内，则阿贝折射仪不能测定，也看不到明暗分界线。

⑥ 存放阿贝折射仪要保持干燥，读数望远镜和测量望远镜要防尘，镜面保持明亮。

3.5.2 气相色谱仪

气相色谱仪是将分析样品（气体和液体）在进样口注入后汽化，由载气带入色谱柱，通过对欲检测混合物中组分有不同保留性能的色谱柱，使各组分分离，随后依次导入检测器，以得到各组分的检测信号。按照导入检测器的先后次序，经过对比，可以区别出是什么组分，根据峰高度或峰面积计算出各组分含量。通常采用的检测器有：热导检测器（TCD）、火焰离子化检测器、氦离子化检测器等。本节以 SC-3000B 型气相色谱仪分析 CO_2-空气混合气体中 CO_2 含量为例，说明其组成、工作原理及分析操作规程。

SC-3000B 型气相色谱仪的基本构造有两部分，即分析单元和显示单元。前者主要包括气源及控制计量装置、进样装置、恒温器和色谱柱。后者主要包括检测器、工作站和电脑。色谱柱（含固定相）和检定器是气相色谱仪的核心部件。SC-3000B型气相色谱仪控制面板如图3-22所示。其工作参数如下：

① 柱室温度为（室温＋15℃）～350℃，控制精度为＋0.1～0.2℃。

② 检测室温度为（室温＋30℃）～350℃，控制精度为＋0.1～0.2℃。

③ 汽化室温度为（室温＋5℃）～350℃。

④ 桥流：0～200mA。

⑤ 基线噪声为TCD≤0.1mV。

⑥ 基线漂移为TCD≤0.2mV/30min。

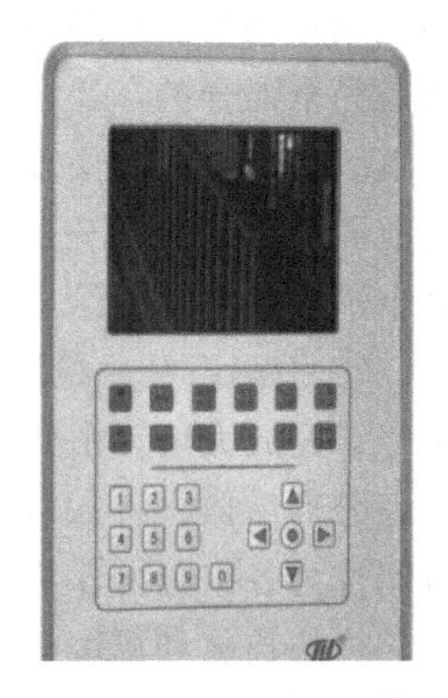

图3-22 SC-3000B型气相色谱仪控制面板

SC-3000B型气相色谱仪工作流程如图3-23所示。

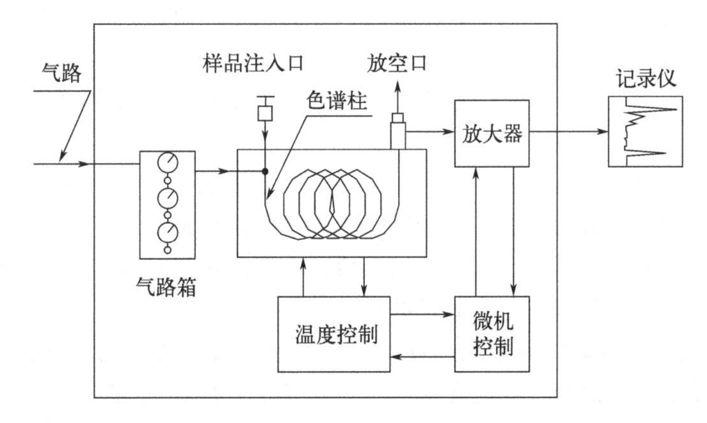

图3-23 气相色谱仪工作流程

① 载气系统。气相色谱仪中的气路是一个载气连续运行的密闭管路系统。由氢气发生器产生氢气，进入气路作为载气。经过载气流量调节阀稳流和转子流量计检测流量后到样品汽化室。样品汽化室有加热线圈，以使液体样品汽化。待分析样品为空气和二氧化碳混合气体，汽化室不必加热，当待测样品为液体时，汽化室会将液体挥发成气相。汽化室本身就是进样室，样品可以经它注射加入到载气中。载气从进样口带着注入的样品进入色谱柱，经分离后依次进入检测器而后放空。检测器给出的信号经放大后由记录仪记录下样品的色谱图。整个载气系统要求载气纯净、密闭性好、流速稳定。

② 进样系统。气体取样器（25mL）取样混合气体，通过六通阀匀速而定量地加到色谱柱上端。

③ 分离系统。分离系统的核心是色谱柱。色谱柱的直径为数毫米，其中填充有固体吸附剂，所填充的吸附剂称为固定相。载气是一种与样品和固定相都不发生反应的气体。待分析的样品在色谱柱顶端注入到载气中，载气带着样品进入色谱柱，载气在分析过程中是连续地以一定流速流过色谱柱的；而样品则只是一次一次地注入，每注入一次得到一次分析结果。

固定相与样品中的各组分具有不同的亲和力。当载气带着样品连续地通过色谱柱时，亲和力大的组分在色谱柱中移动速度慢，因为亲和力大意味着固定相拉住它的力量大。亲和力小的则移动快。样品是由 A、B 两个组分组成的混合物。在载气刚将它们带入色谱柱时，二者是完全混合的，经过一定时间，即载气带着它们在柱中走过一段距离后，二者开始分离，再继续前进，两者便分离开。固定相对它们的亲和力是 A>B，故移动速度是 B>A。走在最前面的组分 B 首先进入紧接在色谱柱后的检测器，而后 A 也依次进入检测器。检测器对每个进入的组分都给出一个相应的信号。

④ 检测系统。检测器的作用是把被色谱柱分离的样品组分根据其特性和含量转化成电信号，经放大后，由微机数据处理系统记录成色谱图。以样品注入载气为计时起点，到各组分经分离后依次进入检测器。检测器给出对应于各组分的最大信号（常称峰值），所经历的时间称为各组分的保留时间 t。实践证明，在条件（包括载气流速、固定相的材料和性质、色谱柱的长度和温度等）一定时，不同组分的保留时间 t 也是一定的。因此，反过来可以从保留时间推断出该组分是何种物质。故保留时间就可以作为色谱仪器实现定性分析的依据。化工原理吸收实验采用热导检测器对空气和二氧化碳进行检测。热导检测利用敏感元件（如钨丝、铂丝、铼丝）作为热丝，并由热丝组成电桥。在通过恒定电流以后，钨丝温度升高，其热量经四周的载气分子传递至池壁。当被测组分与载气一起进入热导池时，由于混合气的热导率与纯载气不同（通常是低于载气的热导率），钨丝传向池壁的热量也发生变化，致使钨丝温度发生改变，其电阻也随之改变，进而使电桥输出端产生不平衡电位而作为信号输出。

检测器对每个组分所给出的电位信号，在记录仪上表现为一个个的峰，称为色谱峰。色谱峰上的极大值是定性分析的依据，而色谱峰所包括的面积则取决于对应组分的含量，故峰面积是定量分析的依据。一个混合物样品注入后，由记录仪记录得到的曲线称为色谱图。分析色谱图就可以得到定性分析和定量分析结果。

⑤ 信号记录或微机数据处理系统。近年来气相色谱仪主要采用色谱数据处理机。色谱数据处理机可打印记录色谱图，并能在同一张记录纸上打印出处理后的结果，如保留时间、被测组分质量分数等。

⑥ 温度控制系统。用于控制和测量色谱柱、检测器、汽化室温度，是气相色谱仪的重要组成部分。

SC-3000B 型气相色谱仪利用色谱柱先将混合物分离，然后利用热导检测器依次检测已分离出来的组分从而完成对被测物质的定量分析，其分析操作规程如下。

（1）开机前准备

① 根据实验要求，选择合适的色谱柱。

② 氢气发生器与 SC-3000B 型气相色谱连接好，载气气路连接应正确无误，并打开载气检漏。

③ 微机处理系统（含工作站）与 SC-3000B 型气相色谱连接好，检查信号线所对应的信号输入端口是否正确。

（2）开机

① 打开氢气发生器和所需气源开关，氢气发生器和色谱仪上的压力表显示载气压力为 0.3～0.5MPa 时，柱前压力表有压力显示，稳定 10 分钟后，调节载气（氢气）流量至实验要求，开主机和工作站的电源。

② 在主机控制面板上设定柱箱温度、汽化室温度、检测器温度并开启升温开关升温，设定检查器的桥流并开启桥流开关，确认所设温度、桥流等参数升到设定值，并稳定。

③ 当检测器温度大于100℃时，待色谱图中基线稳定后，即可进样分析。

(3) 关机

关闭TCD桥流，关闭检测器升温开关，关闭柱箱控温开关，柱箱温度降至50℃以下，关闭主机电源和色谱工作站，关闭氢气发生器电源。待压力指针回零后，方可离开。

注意事项：

① 载气压力不得低于0.1MPa。

② 必须严格检漏。

③ 严禁无载气气压时打开主机电源。

④ 分析注样时，避免杂质进入色谱柱，干扰色谱图。

3.5.3 电位滴定仪

CO_2 水溶液采用酸碱滴定法，先用一定量已知浓度的 $Ba(OH)_2$ 溶液将水溶液中的 CO_2 转化为 $BaCO_3$，过量的 $Ba(OH)_2$ 再用已知浓度的草酸进行滴定，根据酸碱平衡计算 CO_2 水溶液的浓度。酸碱滴定采用ZDJ-4B型自动电位滴定仪，其外形如图3-24所示。通过控制功能键，自动完成滴定操作，减小人为的偏差。具体操作步骤如下。

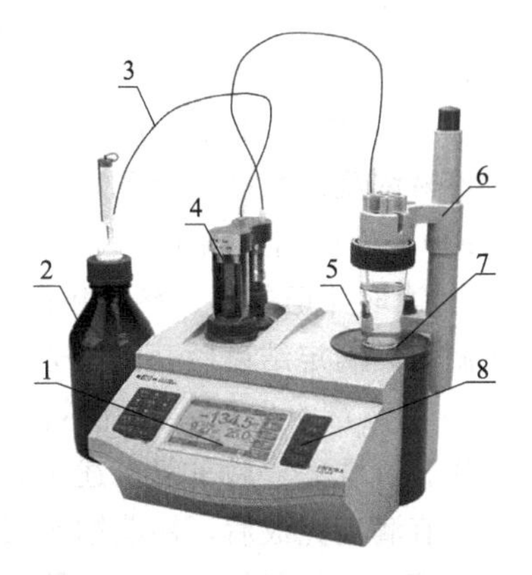

图3-24 ZDJ-4B型自动电位滴定仪

1—显示器；2—储液瓶；3—输液管；4—滴定管；5—溶液杯；6—支架；7—搅拌器；8—控制功能键

(1) 准备工作

① 准备好所需的 $Ba(OH)_2$ 标准溶液（0.05mol/L）和草酸标准溶液（0.05mol/L）。

② 旋下pH复合电极探头的保护套，用蒸馏水洗瓶冲洗电极探头、测温探头和滴定管，擦干滴定管，用输液管连接好储液瓶、滴定管和溶液杯。

③ 准备好pH复合电极（pH玻璃电极和参比电极）和测温探头，并连接好仪器，检查无误后接上电源开机，待仪器自检结束后自动进入到测量状态，显示当前的电位值（或者pH值）和温度值等信息。

④ 电极标定。pH电极在第一次使用时均需进行电极的标定，通常采用二点标定。首先准备好两种标准缓冲液，按“标定”键，仪器进入“标定”状态，将pH复合电极及温度电极放入缓冲液A中，待pH值读数趋于稳定后，按“确认”键；仪器显示“二点标定吗?”，按“确认”键，进入二点标定状态，将pH复合电极及温度电极用蒸馏水清洗干净并擦干后，放入缓冲液B中，待pH值读数趋于稳定后，按“确认”键，仪器显示“标定结束”及标定好的电极斜率值。再按“确认”键退出标定模块。（注：电极斜率值在90%以上可用，若低于90%则需要更换电极）。

⑤ 参数设置。按“设置”键，选择相应的设置项即可设置对应的仪器参数，主要是搅拌速度和滴定管。

⑥ 检查滴定管路连接好后，用储液瓶中的滴定剂（草酸溶液）反复冲洗滴定管，使溶液充满整个滴定管道。首先按“补液”键，滴定模块开始补液，补液结束后仪器自动返回起始状态。在补液过程中，如希望及时终止补液，也可以按“终止”键停止补液。待补液完成后，按“清洗”键，设置清洗次数（最多可清洗10次），设置完毕后按“开始清洗”键，滴

定模块即开始清洗。清洗结束后，仪器自动返回起始状态。

(2) 滴定分析

① 用蒸馏水/纯水冲洗电极、测温探头、溶液杯和搅拌子，用取样杯取（40mL）CO_2水溶液。

② 用移液枪在溶液杯中加入（3～5mL）已知浓度的 $Ba(OH)_2$ 溶液和（20mL）CO_2水溶液，再加入一定量（50mL 左右）的蒸馏水（加入后能使 pH 探头浸入液体中约 2cm，且不会碰到搅拌子），放入搅拌子，然后将烧杯放置到电位测量模块的搅拌器上，将 pH 电极支架下移，使 pH 电极探头和测温探头浸入液体中约 2cm，检查输液管是否放入溶液杯中。

③ 按滴定键（F5），选择滴定模式，一般选用预滴定模式进行（按 F3 选择“预滴定”），即进入预滴定模式，可进行相关参数的设置。一般情况下，使用默认参数即能满足滴定要求。按确认键（F1），预滴定自动开始。

④ 当仪器找到一个滴定终点后，会鸣叫 3 声提示使用者，仪器找到一个终点后，并不会停止下来，而是继续滴定下去，寻找下一个终点。若使用者认为所有终点已找到，则可按“终止”键，终止滴定，在酸碱滴定分析实验中，一般以第一滴定终点数据作为计算二氧化碳水溶液浓度的数据，因此，当听到仪器鸣叫 3 声后，按终止键（F5），终止滴定，按确认键（F1），确认结束滴定。

⑤ 读取并记录第一终点数据（主要是体积 V 值），记录完成后，按确认键（F1），结束本次滴定。滴定结束后，仪器会自动关闭搅拌器，并自动进行补液。

⑥ 用蒸馏水反复清溶液杯、搅拌子、pH 电极和测温探头，清洗时注意保护好电极，以免损坏。清洗完成后重复上述步骤可进行下一次分析操作。

所有滴定完成后，用蒸馏水反复清洗滴定管、输液管和溶液杯，并清洗 pH 电极和测温探头，擦干后放置好，关闭仪器电源，恢复到起始状态。

3.6 回流比控制器

回流比控制器是按照标准的仪表结构而开发的一种新型的液体流量控制器，适用于对精馏操作中回流比的精确控制，该控制器由数字式回流比控制器、回流分配头两部分组成。

(1) 数字式回流比控制器

数字式回流比控制器的面板如图 3-25 所示，它包括四位数码管（采出时间和回流时间各两位）显示数字，四个“设置/运行”“位选”“置数”“分/秒”功能按键。四个指示灯分别是“设置”“运行”“分”“秒”，确定仪表所处工作状态。

通过面板按键功能，精确设定回流和采出时间，使精馏设备在该仪表的控制下，按照设定的回流比自动进行回流和采出，从而实现回流比的自动调节。

① 仪表连线。电源进线接 220V；控制输出 DC24V。

② 开机。接通电源，控制线数据为上次断电的设定状态，不工作，不输出，当按下“设置/运行”键时，仪表开始工作，采出时间倒计时，到零时触电状态改变，回流时间开始倒计时，在回流时间倒计时开始的同时，采出时间自动由零变到设定时间，当回流时间为零时，触电状态改变，采出时间开始倒计时，回流时间自动变到设定时间，循环运行，直到再

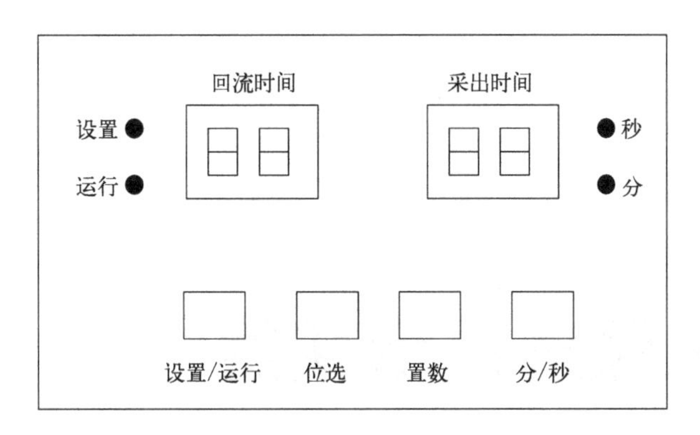

图 3-25 回流比控制器面板

次按下“设置/运行”键，仪表停止工作，触电恢复原始状态，仪表同时进入设定状态。

③ 设定时间单位。开机时，“秒”指示灯亮，此时回流、采出时间以秒为单位。若按“秒/分”键，“分”指示灯亮起，此时回流、采出时间以分为单位。

④ 设定数值。按“设置/运行”键，选择设置状态，仪表在设置状态下，时间不变，数据位的个位闪烁，按“位选”键选择需要设定的数据位，按“置数”键设定所需数值，数值由 0～9 循环变化。

⑤ 启动工作状态。设定完毕，按下“设置/运行”键，仪表进入工作状态，回流和采出的时间按倒计时方式显示，并交替工作。

⑥ 变更工作状态。按“设置/运行”键即可。

⑦ 关机。在设定状态下，切断电源即可，数据将保留，再次开机时不必重新设定。

(2) 回流分配头

回流分配头的结构如图 3-26 所示，回流比控制器控制电磁阀的启动/停止确定回流比，当电磁阀启动时进液管的液体全部流入产品管，当电磁阀停止时进液管的液体全部流入回流管，此时回流比 R 为回流时间 t_L 与采出时间 t_D 之比，即

$$R=\frac{L}{D}=\frac{t_L v}{t_D v}=\frac{t_L}{t_D} \tag{3-39}$$

式中，v 为进液管中流体流量，L/s；L 为回流管中回流液流量，L/s；D 为产品管中采出产品流量，L/s。

回流分配头安装时要注意两点：

① 安装时分别接好回流管、采出管（产品管）及进液管并保证分配头筒体垂直。

② 回流管下口到精馏塔回流口留有一定高度，保证回流液体能够回流到塔内即可。

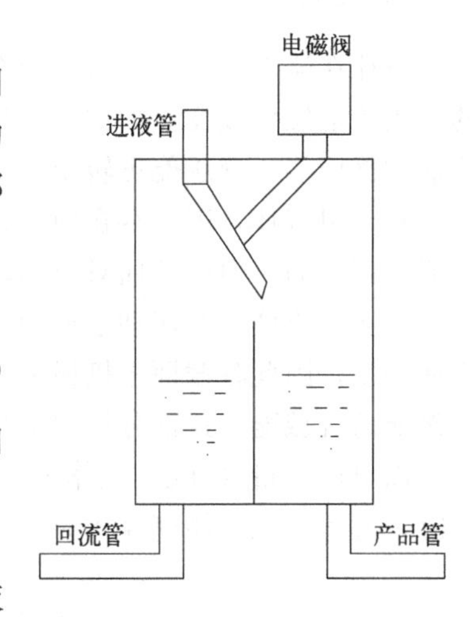

图 3-26 回流分配头

4

化工原理演示实验

实验一　伯努利方程实验

一、实验内容及任务

（1）了解流体在流动中各种能量相互转换的关系，加深对伯努利方程的理解。

（2）观察流体流动时能量转换及产生的能量损失。

二、实验原理

流体在流动中具有三种机械能，即动能、位能和静压能，这三种能量是可以相互转换的。当管道发生改变，如位置高低、管径大小变化时，它们便发生能量转化，动能可转变成位能和静压能，静压能可转变成动能。

对理想流体，因不存在内摩擦而产生机械能损失，因此在同一管路中任何两个截面的机械能是相等的，但两截面对应的动能、位能和静压能不一定相等。

对实际流体，在流动过程中有一部分机械能因内摩擦和碰撞而损失的能量转化为热能，不能恢复，因此各截面上机械能是不相等的，两截面的机械能之差是流体在两截面之间转换为热能的机械能，这部分机械能称为流体的阻力。

以单位质量（1kg）流体为衡算基准，当流体在1、2两截面之间作稳定流动且无外加功时，流体的机械能衡算式为

$$gz_1+\frac{p_1}{\rho}+\frac{u_1^2}{2}=gz_2+\frac{p_2}{\rho}+\frac{u_2^2}{2}+h_f \tag{4-1}$$

式中，p_1、p_2分别是流体在1、2截面的压强，Pa；ρ为流体的密度，kg/m^3；u_1、u_2分别是流体在1、2截面的流速，m/s；z_1、z_2分别是1、2截面离基准面的距离，m；h_f为流体在1、2截面之间的阻力损失，J/kg。

此流体的机械能衡算式为伯努利方程。

以单位重量（1N）流体为衡算基准，无外加功时，伯努利方程又可表达为

$$z_1+\frac{p_1}{\rho g}+\frac{u_1^2}{2g}=z_2+\frac{p_2}{\rho g}+\frac{u_2^2}{2g}+H_f \tag{4-2}$$

式中，z_1、z_2 分别是流体在 1、2 截面的位压头，m 流体柱；$\frac{p_1}{\rho g}$、$\frac{p_2}{\rho g}$分别是流体在 1、2 截面的静压头，m 流体柱；$\frac{u_1^2}{2g}$、$\frac{u_2^2}{2g}$分别是流体在 1、2 截面的动压头，m 流体柱；H_f 为流体在 1、2 截面的阻力损失，m 流体柱。

三、实验装置和流程

实验设备由循环水泵、高位水箱、文丘里管、测压管、低位水箱等组成，如图 4-1 所示。

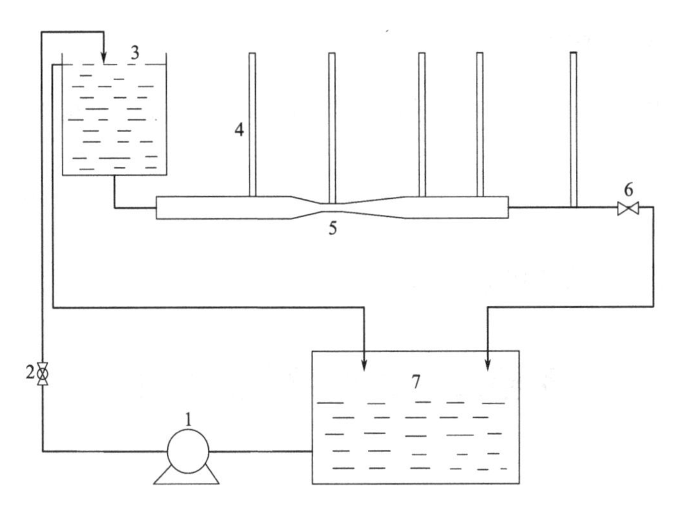

图 4-1　伯努利方程实验装置示意

1—循环水泵；2—球阀；3—高位水箱；4—测压管；5—文丘里管；6—调节阀；7—低位水箱

低位水箱中的水通过循环水泵将水输送到高位水箱，并由溢流口溢出回到低位水箱，使高位水箱的水位始终保持恒定。高位水箱的水通过调节阀调节流量，流经文丘里管中各测压点，再回到低位水箱，观察水在文丘里管路中的流动状态，分析流体流动时能量转换及产生的能量损失。

测压管与文丘里管相连通，测压管可测量动压头、静压头。当测压管的小孔与流体流动方向垂直时，测压管内液位高度即为静压头，它反映了测压点处流体的压强大小；当测压管上的小孔正对流体来流方向时，测压管内液位上升，所增加的液位高度即为测压点处流体的动压头，它反映了测压点处流体的动能大小。这时测压管内液位高度为静压头和动压头之和，称为冲压头。

液体的位压头由测压孔到基准面的高度决定，本实验装置中，以测压标尺零点处的水平面为基准面，测压管内液位高度在标尺上的读数为静压头＋动压头＋位压头，任意两截面上，这三者总和之差为阻力损失，即流体流经两截面之间的机械能损失。

四、实验操作要点

（1）熟悉实验设备流程，了解测压管的结构、流量如何调节等。

（2）给低位水箱注水到其高度的 2/3 处，启动循环水泵，开启泵出口阀，注意高位水箱中液面是否稳定，微调泵出口阀，保持其液面恒定。

（3）观测文丘里管、测压管内有无气泡，若有气泡，可开大调节阀带出气泡，再关小调节阀，重复开、关调节阀几次，即可排除管内气泡。

（4）关闭调节阀，待高位水箱中液面稳定后，观察并记录各测压管液面高度。

（5）略开调节阀，使测压孔垂直或正对流体来流方向，观察并记录各测压管液面高度。

（6）开大调节阀，使测压孔垂直或正对流体来流方向，观察并记录各测压管液面高度。

（7）实验结束，关闭泵出口阀、循环水泵。待高位水箱的水排尽后关闭调节阀。

（8）实验中应注意在读取测压管液面高度时，眼睛要和液面水平，读取凹液面下端的值。

五、实验思考与讨论问题

（1）高位水箱的水流经管路时，关闭调节阀各测压点液位高度有无变化？解释这一现象。

（2）高位水箱的水流经管路时，开启调节阀各测压点液位高度如何变化？运用伯努利方程解释这一现象。

（3）高位水箱液面稳定的作用是什么？

实验二　离心泵气缚实验

一、实验内容及任务

（1）熟悉离心泵的结构和工作原理。

（2）观察气缚现象，熟悉离心泵的安装和操作。

二、实验原理

离心泵是典型的高速旋转叶轮式液体输送机械，其特点是泵的流量与压头灵活可调，输液量稳定且适用介质范围很广。离心泵的关键部件是高速旋转的叶轮、泵壳和轴封装置。

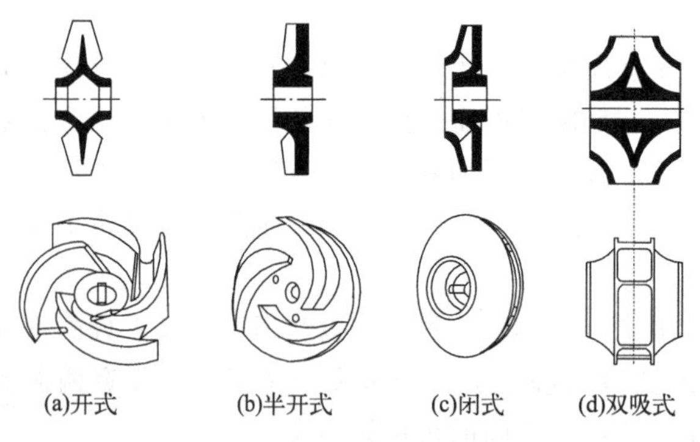

图 4-2　离心泵叶轮的类型

叶轮是离心泵直接对液体做功的部件，紧固于与电机相连接的泵轴上随电机高速旋转。叶轮上装有若干叶片（通常 6～8 片），按其机械结构可分为开式、半开式、闭式和双吸式叶轮。如图 4-2 所示，闭式叶轮容积损失量小，但叶轮内流道易堵塞，只适宜输送清洁液体。开式叶轮不易堵塞。

泵壳是汇聚由叶轮抛出的液体并使其发生机械能转化的部件。泵壳通常为蜗壳形，这样可在叶轮与泵壳间形成逐渐扩大的流道，使得由叶轮抛出液体的速度逐渐减小，有效地将液体的大部分动能转化为静压能。

轴封装置（轴封）是旋转的泵轴与泵壳上的轴承之间的密封结构。其作用是防止从该间隙处泵内液体的漏出或外界空气的吸入，同时保证泵轴的正常旋转。常用的轴封装置有填料函和机械密封。填料函一般采用浸油或涂石墨的石棉绳等作为填料。机械密封又称为端面密封，较之填料密封具有结构紧凑、摩擦功率消耗小和使用时间长等优点。

泵壳中央的吸入口与吸入管路相连接，吸入管路底部装有单向底阀，以保证泵停止工作时吸入管路中的液体不倒流。泵壳侧旁的排出口与排出管路相连接，排出管路上装有调节阀。其结构和工作原理如图 4-3 所示，离心泵开启前泵壳内需灌满被输送的液体。泵启动后，泵轴带动叶轮随电机同步高速旋转，泵壳内叶片间的液体被迫随着叶轮高速旋转，并在离心力作用下沿着叶片之间的流道向叶片外缘运动，液体的速度不断增加、机械能不断提高，直至从叶轮外缘抛出（此时液体流速达 15～25m/s）。液体离开叶轮进入蜗壳后在蜗壳的约束下继续沿切向流动，由于蜗壳流道逐渐扩大、流体速度不断减慢，因而动能不断转换为静压能，流体压强不断升高，最后沿切向流出蜗壳进入排出管路。与此同时，在叶轮中心入口处则因液体向外运动而形成一低压区，使泵外液体得以在势能差的推动下被连续地吸入泵内。可见，离心泵的工作过程不仅是叶轮向液体提供能量的过程，还包括了蜗壳内液体的动能转换为静压能的过程以及液体从吸入管路连续地进入叶轮的过程。

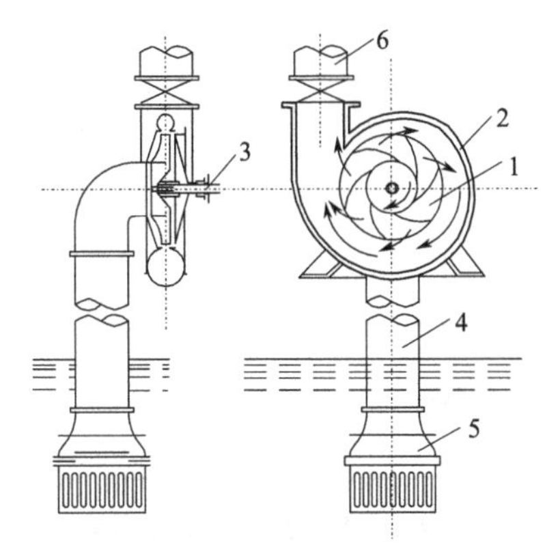

图 4-3　离心泵的构造与工作原理简图

1—叶轮；2—泵壳；3—泵轴；4—吸入管路；5—单向底阀；6—排出管路

离心泵启动时若泵内未充满液体或离心泵在运转过程中发生漏气，均会使泵壳内积存空气。因空气的密度小，故旋转后产生的离心力也小，因而叶轮中心区形成的低压不足以将密度远大于气体的液体吸入泵内，此时离心泵虽在运转却不能正常输送液体，此现象称为气缚。可见，离心泵启动前的灌液排气和运转时防止空气的漏入对泵的正常工作十分重要。

由离心泵的工作原理可知，对如图 4-3 所示高位安装的离心泵，从整个吸入管路到泵的吸入口直至叶轮内缘，液体的压强是不断降低的。研究表明，叶轮内缘处的叶片背侧是泵内压强最低点。当该点处的压强低至液体的饱和蒸气压时部分液体将汽化，产生的气泡随即被液流带入叶轮内压力较高处因受压缩而凝聚。由于凝聚点处产生瞬间真空，造成周围液体高速冲击该点，产生剧烈的水击，这种现象称为汽蚀。瞬间压力可高达数十个兆帕，众多的水击点上水击频率可高达数十千赫兹，且水击能量瞬时转化为热量，水击点局部瞬时温度可达 230℃以上，因此汽蚀状态下工作的离心泵噪声大、泵体振动，流量、压头、效率都明显下降。更严重的是高频冲击加之高温腐蚀同时作用使叶片表面产生一个个凹穴，严重时成海绵状而迅速破坏。因此，必须严格防止汽蚀现象产生。最简单有效的措施是把离心泵安装在恰当的高度位置上，确保泵内压强最低点（即叶轮内缘液体入口截面）处的静压超过工作温度下被输送液体的饱和蒸气压。

三、实验装置和流程

实验装置由水箱、离心泵、压力表、真空表、管件和管材等组成，如图 4-4 所示。水箱里的水通过离心泵实现从水箱 1＃位置输送到水箱 2＃位置。离心泵叶轮是半开式的、聚四

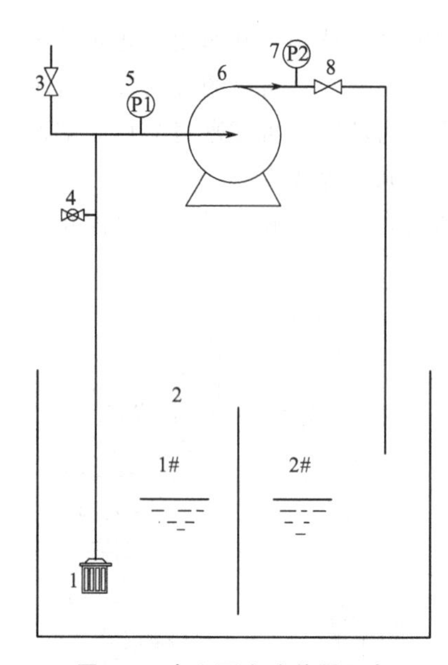

图 4-4 离心泵实验装置示意

1—单向底阀；2—水箱；3,8—闸阀；4—球阀；5—真空表；6—离心泵；7—压力表

氟材质制作，泵壳是透明的有机玻璃制作而成，便于观察泵内流体的流动状态。

四、实验操作要点

（1）理清装置流程，熟悉泵的结构，盘动离心泵泵轴，确定泵完好。

（2）给水箱加水，至少高于单向底阀 200mm，开启闸阀 3 和 8，给离心泵灌水，直至泵出口有水溢出为止。

（3）关闭闸阀 3 和 8，启动离心泵。

（4）观察离心泵有无噪声。如有严重噪声，立即关闭离心泵检查。如无噪声，逐渐开启闸阀 8 增大流量，观察泵前真空表和泵后压力表的变化。

（5）微开球阀 4，离心泵进口管路吸收空气，观察泵前真空表和泵后压力表的变化和泵内流体的流动状态。

（6）当泵内有大量空气，无水排出时立即关闭离心泵，再关闭闸阀 8。正常情况下应是先关闭闸阀 8，再关闭离心泵。

（7）关闭总电源，恢复到起始状态。

五、实验思考与讨论问题

（1）如何正确启动离心泵？安装离心泵时应注意哪些问题？

（2）离心泵的入口管路或出口管路被流体腐蚀出一个小裂缝，是否会有流体流出？为什么？

（3）离心泵的气缚和汽蚀有何区别？产生原因有哪些？

（4）本实验装置如何改造才能观察到离心泵的汽蚀现象？

实验三　流线实验

一、实验内容及任务

（1）了解流体流动状态跟踪方法。

（2）观察流体在稳态流动时，经过不同绕流体时出现的流动现象。

（3）观察并分析边界层的形成与分离。

二、实验原理

（1）流线和迹线。描述流体质点和整个流体空间的运动情况常用到迹线或流线。

迹线是某一流体质点的运动轨迹，是该质点不同时刻矢径的连线。流线是某一瞬时整个流动空间中的一条矢量线，该线上任意点的切线方向代表了此时刻该点的流速方向。

本实验工作流体为水，在每个流道前有一个文丘里喷射吸气器，吸入空气，以水相为连续相，以微尺度气泡为示踪颗粒，经平行栅板导流形成平稳的气、液两相流经各流道，此时微小气泡可看成流体质点，从而通过微小气泡的运动状况来描述其流过不同绕流体构件时的流体力学现象。

（2）绕流体构件。实验的流体流道采用透明有机玻璃板和有色玻璃板，加 LED 灯照射制作而成，流道内安装不同绕流体构件，在实验中设计了 5 种不同类型的绕流体，分别是：流道突然收缩、闸阀半开、流道突然扩大组合；流道突然收缩、文丘里和孔板、流道逐渐扩大组合；圆柱体和列管正方形排列管束组合；圆弧收尾体和列管三角形排列管束组合；同一管径的管材与不同的管件组合。实验中可双面同时观察流体在二维结构中的稳定流动，气、液两相流经的流场。

（3）边界层形成与分离。通过流量调节，流体的流动状况可由层流转化为过渡流和湍流。流体在湍流流动时，其质点做无规则的运动，并相互碰撞产生旋涡等现象。观察流体在稳态流动时，经过不同绕流体构件所出现的流动现象，如流体流经圆柱体、圆弧收尾体、变截面通道等绕流体构件时，无论是层流还是湍流，会产生边界层与固体表面脱离的现象，并且在脱离处产生旋涡，旋涡的大小反映了流动阻力的大小。

流体流经管件（如闸阀）处产生的局部阻力包含摩擦阻力和形体阻力两部分，但以后者为主，即由于流道截面或流体流动方向突变产生大量旋涡而消耗流体的机械能，如图 4-5 所示。产生旋涡的根源在于边界层内的流体与固体壁面分离并产生倒流，这个现象被称作边界层分离。边界层分离出现在流体流动的方向与固体壁面的法线不垂直的情况下，以不可压缩黏性流体横掠过圆柱体（图 4-6）为例，考察边界层的发展与边界层分离。流速均匀的流体从上游到达圆柱体表面，在法线正对着来流方向的 A 点处流体滞止，动能全部转化为静压能，该点压强最大，迫使流体向两侧绕流并受固体表面的阻滞而形成边界层。随着流动距离的增加阻滞作用不断向垂直于流动的方向传扩，因此边界层不断增厚。在柱体的迎流面，即图中 B 点以前流道逐渐缩小、流速不断增加因而压强不断降低，边界层内流体流动方向与压强降的方向一致，称顺压强梯度。越过 B 点以后，流道渐扩而流速下降、压强渐增，边界层内出现逆压强梯度，流体流动既要克服摩擦阻力，又要克服逆压强梯度，流体的动能迅速下降，越靠近壁面动能下降越快。经过一段距离到达 C 点时紧靠壁面的流体速度首先下降为零，自该点起，离壁面不同距离的流体速度相继下降为零。将零速度面连为一线如图中 $C-C'$ 所示，称为边界层分离面，C 点称为边界层分离点。边界层脱离固体壁面后以分离面为虚拟边界，在外部区域形成脱体边界层，这就叫边界层分离。在固体壁面与脱体边界层之间，近壁的流体在逆压强梯度推动下倒流而形成旋涡区，流体微团激烈碰撞、混合消耗机

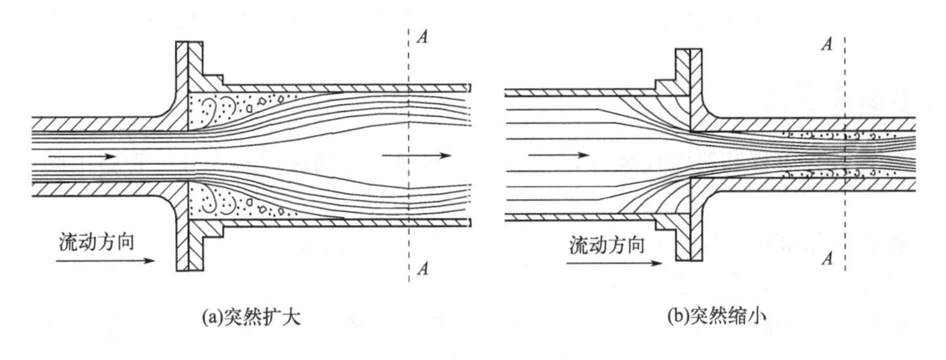

图 4-5　突然扩大和突然缩小

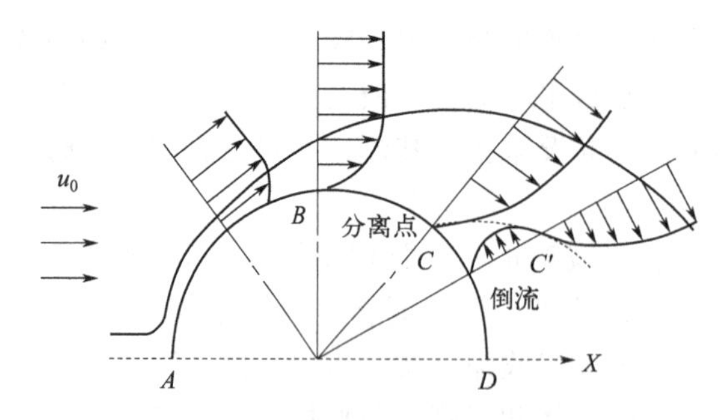

图 4-6　流体横掠圆柱体时的边界层分离

械能。

由上述分析可知，在流道截面和流体方向突变的管件处极易发生边界层分离而产生涡流。如突然扩大［图 4-5(a)］，流体以射流流入扩大的流道中要经一段距离后才能充满整个扩大了的流道截面，流动方向的下游压强上升，流体在逆压强梯度下流动，发生边界层分离，在射流与壁面之间的空间产生涡流。流道突然缩小的情况，见图 4-5(b)，在流动方向上压强下降，流体在顺压强梯度下流动，本应不发生边界层分离，但由于流体流动的惯性，进入缩小管道的流体将继续收缩至某一最小截面（称为缩脉），然后才重新扩大至充满整个流道。显然，在此段流体是处于逆压强梯度下流动，从而引发边界层分离和回流旋涡。

三、实验装置和流程

实验设备由水箱、水泵、绕流体构件、实验台架及控制箱等构成，如图 4-7 所示。绕流体构件由有机玻璃板和有色玻璃板，加 LED 灯照射制作而成，有 5 组不同的绕流体构件，水箱的水作为考察流体，通过泵输送到不同的绕流体构件后又全部返回水箱，循环使用。

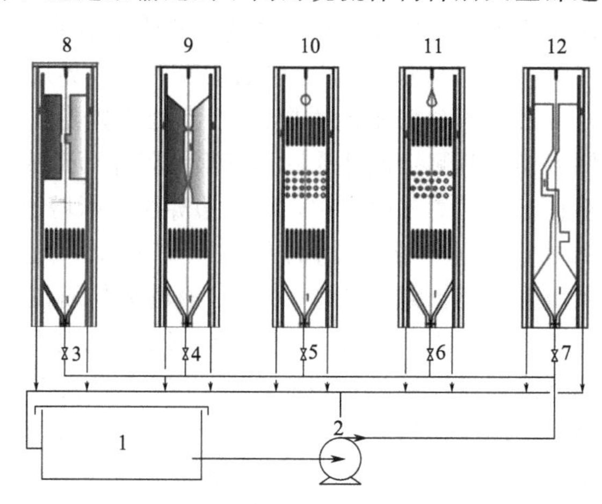

图 4-7　流线实验装置示意

1—水箱；2—离心泵；3,4,5,6,7—闸阀；8—闸阀半开；9—文丘里和孔板；10—圆柱体和正方形排列管束；11—圆弧收尾体和三角形排列管束；12—不同管件组合

四、实验操作要点

（1）熟悉装置流程和绕流体构件，检查设备和阀门，确保设备完好、管路中阀门处于关闭状态。

（2）检查水箱液位，给水箱加水高于离心泵出口 200mm。

（3）开电源开关，开 LED 灯后，启动离心泵。

（4）依次打开闸阀 3、4、5、6、7，调节水量，观察不同流量下流体流经不同绕流体时的流动状况。

(5) 实验结束后，依次关闭闸阀3、4、5、6、7。

(6) 关闭离心泵，关好LED灯和电源。

五、实验思考与讨论问题

(1) 流线和迹线有何区别？

(2) 如何减薄边界层？有哪些方法？

(3) 流道中死区如何避免？

(4) 比较上述流体流经不同绕流体构件的流体力学现象的成因。

实验四 塔设备的流体力学实验

一、实验内容及任务

(1) 观察板式塔的塔板结构，比较不同塔板上的气液接触状态。

(2) 研究板式塔的极限操作状态，确定各塔板的漏液点和液泛点。

(3) 了解气量或液量对板式塔操作的影响。

二、实验原理

板式塔是广泛应用的一种气液两相接触进行传热传质的塔设备，可运用于吸收、精馏和萃取等化工单元操作。塔板上气液两相接触的好坏和塔板的结构及气液两相相对流动情况有关。在板式塔设计中，塔板的设计关系到生产处理能力、效率、操作弹性及操作费用。因此，研究其结构参数、操作参数、塔板负荷性能是从事这方面工作人员的研究课题。

板式塔是在圆柱形壳体内按一定间距水平设置若干层塔板，液体靠重力作用自上而下流经各层塔板后从塔底排出，各层塔板上保持有一定厚度的流动液层；气体则在压强差的推动下，自塔底向上依次穿过各塔板上的液层上升到塔顶排出。气液在塔内逐板接触进行传质传热过程。

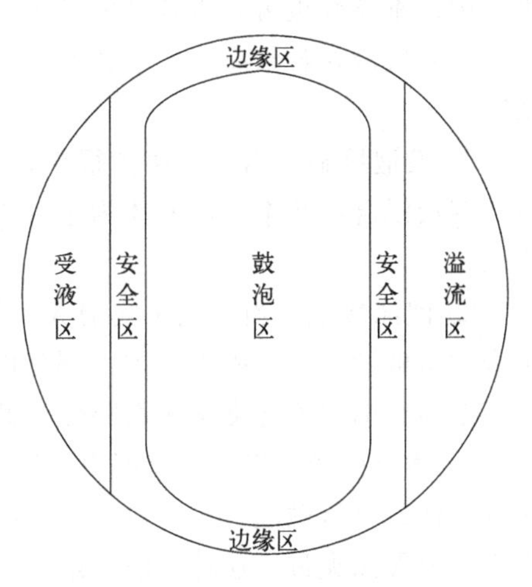

图4-8 塔板板面

(1) 塔板的组成。塔板板面分为四个区域：受液区、鼓泡区、溢流区（降液区）和无效区（边缘区和安全区），如图4-8所示。受液区是接收上层塔板下降的液相区域。降液管所占用的区域为降液区。它的作用一是保证液体下流，二是泡沫中的气体在降液管中得到分离，不至于使气泡进入下一塔板而影响传质效率。塔板的开孔部分称为鼓泡区，是气液两相传热传质的场所，也是区别各种不同塔板的依据。剩余不开孔的区域是无效区，在液体进口处液体容易自板上孔中漏下，故设一传质无效的不开孔区，称为进口安全区，而在出口处，由于进降液管的泡沫较多，设定不开孔区域来破除一部分气泡，又称破沫区（出口安全区）。边缘区用于塔板安装，属于无效区的一部分。

(2) 塔板的类型。塔板按气液两相相对流动的方式分为溢流式和逆流式。本实验设计了3种有降液管的溢流式塔板，如图4-9所示。

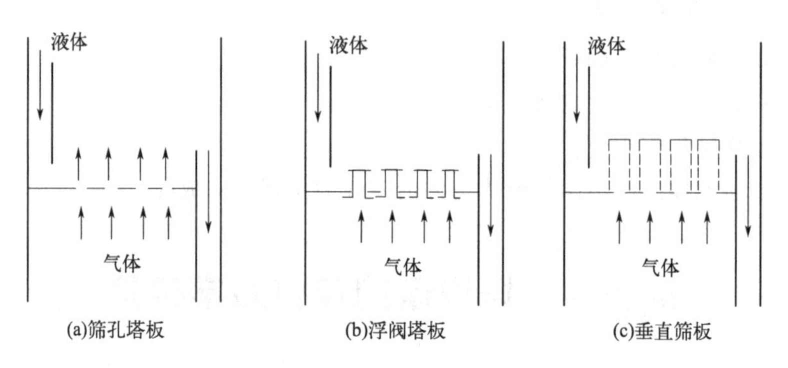

图4-9 塔板结构示意

筛孔塔板。它是最早出现的塔板之一，在板上开很多个筛孔，操作时气体直接穿过筛孔进入液层，筛孔塔板的优点是结构简单、造价低、能稳定操作，缺点是小孔易堵、大孔易漏、操作弹性和板效率较低。

浮阀塔板。它的特点是当气流在较大范围内波动时能稳定地操作，弹性大，效率高，适应性强。浮阀装在塔板上的孔中，随气速的不同，浮阀打开的程度也不同，能自由地上下浮动。

垂直筛板。它是在塔板上开有一定排列的若干大孔，孔上设置侧壁开有许多筛孔的泡罩，泡罩底边留有间隙供液体进入罩内。操作时，上升的气流将由泡罩底隙进入罩内的液体拉成液膜形成两相上升流动，经泡罩侧壁筛孔喷出后两相分离，即气体上升，液体回落到塔板，液体从塔板入口流至降液管将多次经历上述过程。

与普通筛板相比，垂直筛板为气液两相提供了很大的不断更新的相际接触表面，强化了传质过程，且垂直筛板气液由水平方向喷出，液滴在垂直方向的初速度为零，降低了雾沫夹带，因此垂直筛板可获得较高的塔板效率和较大的生产能力。

(3) 气液接触状态。在板式塔内气液接触过程中，随着气流速度的变化，大致有三种状态。

① 鼓泡接触。当气流速度很小，气体通过筛孔时断裂成气泡，在板上浮升，此时，形成的气液混合物基本上以液体为主（连续相），气泡占的比例较小（分散相），气液接触面积不大。

② 泡沫接触。当气流速度增大，气泡数量急剧增加，气泡表面连成一片，并且不断发生合并与破裂，此时板上液体大部分以液膜形式存在，仅在靠近塔板表面处才能看到清液，清液层高度随气流速度增大而降低。此时，液体仍为连续相，气体为分散相。

③ 喷射接触。当气流速度很大时，气体动能很大，不会形成气泡，而是把液体喷射成液滴，而被气流抛起。直径较大液滴因为重力作用又落到塔板上，直径较小液滴容易被气流带走形成雾沫夹带，这种气液接触状态称喷射接触。在喷射接触情况下，气流速度很大，液体分散较好，对传质传热是有利的，但产生过量雾沫夹带，会影响和破坏传质过程。此时，液体为分散相，气体为连续相。

(4) 板式塔的操作状态。塔板的操作上限和操作下限之比为操作弹性（即最大气量与最小气量之比或最大液量与最小液量之比)。操作弹性是塔板的一个重要特性，操作弹性大，则该塔稳定操作范围大。

为了使塔板在稳定范围内操作，必须了解板式塔的几个极限操作状态。在本实验中，通过观察和研究各塔板的漏液点、雾沫夹带点和液泛点，确定塔板的操作上、下限。

① 漏液点。在一定液量下，当气速不够大时，塔板上的液体会有一部分从筛孔漏下，这样就降低了塔板的传质效率，因此一般要求塔板应在不漏液的情况下操作。所谓漏液点是指刚使液体不从塔板上泄漏时的气速，此时的气速为最小气速。漏液是塔内不正常操作现象。当塔板在低气速下操作时，气体通过塔板为克服开孔处的液体表面张力，以及液层摩擦阻力所形成的压强降，不能抵消塔板上液层的重力，因此液体将会穿过塔板上的开孔往下漏，即产生漏液现象。严重的漏液会导致塔板上不能积液而无法操作。测定漏液点气速在设计塔板和过程操作中都起着重要作用。

② 雾沫夹带点。当气速达到一定程度，液体被气体带到上层筛板为雾沫夹带，此时的气速为最大操作气速，随着雾沫夹带进行，液体就不从降液管流下，而是从下塔板上升，液泛速度也就是达到液泛时的气速。雾沫夹带是一种空间反向流动，这种返混现象导致传质推动力的下降，过量的雾沫夹带量应受到限制。

③ 液泛点。当上升气体速度很大时，塔板压降增大，液体来不及从溢流管向下流动，于是液体在塔板上不断积累，液层不断上升，使整个塔板空间都充满气液混合物，此即为液泛现象。液泛发生后完全破坏了气液的逆流操作，使塔失去分离效果。

三、实验装置和流程

板式塔的主体是由直径 400mm、板间距 500mm 的 5 个有机玻璃塔节构成，实验装置由板式塔、风机、水泵、液体和气体流量计、调节阀和控制柜等组成。塔板有筛孔塔板、浮阀塔板和垂直筛板三种类型。气体通过多级离心风机或磁悬浮离心机，经电动气体流量执行器调节、孔板流量计计量后从塔底进入板式塔，从塔顶尾气口排出。水通过离心泵，经电动液体流量执行器调节、电磁流量计计量后进入塔顶，顺流而下至塔底流出返回水箱，循环使用。其控制柜面板如图 4-10 所示，实验装置示意图如图 4-11 所示。

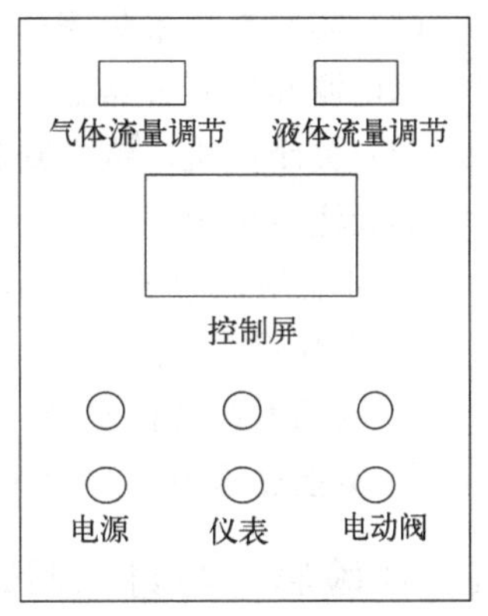

图 4-10　控制柜面板

四、实验操作要点

(1) 熟悉实验流程、设备结构，检查所有管路上的阀处于关闭状态，打开进水阀 24 给水箱加水，至少控制在水箱高度的 1/2 处。

(2) 打开电源，检查仪表是否正常工作，启动电动阀。

(3) 启动风机，通过气体蝶阀 3 或 9 或 15 切换到所要测试的板式塔，通过气体流量执行器 22 调节气体流量。

(4) 关闭泵后液体流量执行器 21，通过球阀 1 或 7 或 13 切换到所要测试的板式塔，开启相应塔底的排液球阀 4 或 10 或 16 后，启动水泵，通过液体流量执行器 21 控制一定液体流量。记录气体流量、液体流量和塔板压差。

(5) 通过气体流量执行器 22 调节气体流量。在一定的液体流量下，观察漏液和雾沫夹

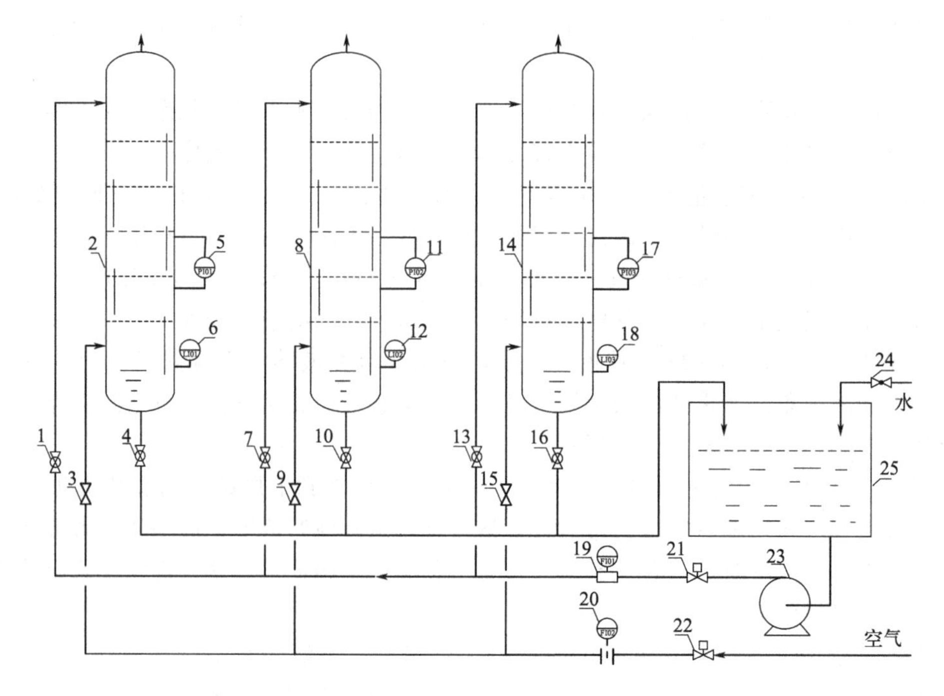

图 4-11　板式塔流体力学装置示意

1,4,7,10,13,16—球阀；2—筛板塔；3,9,15—蝶阀；5,11,17—差压计；6,12,18—液位计；8—浮阀塔；14—射流塔；19—电磁流量计；20—孔板流量计；21—液体流量执行器；22—气体流量执行器；23—水泵；24—进水阀；25—水箱

带现象，确定该板式塔气相负荷的上、下限。

(6) 实验数据采集完毕后，依次关闭液体流量执行器、气体流量执行器、水泵、仪表电源、总电源和所有管路上的阀。

(7) 关闭风机，恢复到起始状态。

实验注意事项：

① 注意塔底水的液位不能高于空气入塔口，避免水进入空气入塔口管路。

② 注意用电安全。

③ 风机不在设备现场，启动风机时注意风机的操作事项。

④ 实验过程中，注意气体不能从塔底漏出，保持好液封。

五、实验思考与讨论问题

(1) 板式塔内气液两相的流动特点是什么？

(2) 板式塔塔板上气液两相的接触状态有哪些？正常操作时应是什么状态？

(3) 液泛产生的原因是什么？它与哪些因素有关？

(4) 板式塔的不正常操作现象有哪几种？

5

化工原理仿真实验

仿真实验是利用仿真技术、数字建模技术和多媒体技术创建一个虚拟的实验装置环境，模拟实验装置的各种操作参数在操作过程中的变化，构成一个有效的、如同在真实环境下完成各种指定的实验项目。它将实验原理、实验现象、实验操作过程和数据处理集成于仿真实验中，辅助实验学习。通过仿真实验熟悉实验装置的原理、流程、仪表、操作要点和安全注意事项，从而减少因仪器设备的人为损坏。此外，仿真实验允许学生试错，重新反复实验，但现场实验不允许学生犯重大事故。因此，虚拟仿真实验解决了实验教学项目所不能为、不敢为、不好为的问题。

化工原理仿真实验利用动态数学模型实时模拟真实实验现象和过程，通过 3D 仿真实验装置交互式操作，产生和真实实验一致的实验现象和结果。每位学生都能亲自动手做实验，观察实验现象，记录实验数据，达到验证公式和原理的目的。化工原理仿真实验能够体现化工实验步骤和数据处理等基本实验过程，满足工艺操作要求，满足流程操作训练要求，能够安全、长周期运行。

一、仿真实验内容

(1) 化工原理实验室安全 3D 虚拟仿真；(2) 流体力学综合实验 3D 虚拟仿真；
(3) 传热综合实验 3D 虚拟仿真；(4) 恒压过滤实验 3D 虚拟仿真；
(5) 二氧化碳吸收实验 3D 虚拟仿真；(6) 精馏综合实验 3D 虚拟仿真；
(7) 液液萃取塔实验 3D 虚拟仿真；(8) 流化床干燥实验 3D 虚拟仿真。

二、仿真界面基本操作

(1) 人物控制。如图 5-1 所示的计算机键盘中按键控制 3D 场景中的人物。W 键控制场景中的人物向前移动放大；S 键控制场景中的人物向后移动缩小；A 键控制场景中的人物向左移动；D 键控制场景中的人物向右移动；鼠标右键控制场景中的人物视角旋转。

(2) 进入主场景后，进入相应实验室，如流体力学实验室，完成实验的全部操作，实验完后可回到主场景中。

(3) 拉近镜头，鼠标左键双击设备进行操作。

图 5-1　3D 场景中人物控制按键

(4) 开关阀门、其他电源键或者离心泵开启键均为鼠标左键单击操作。

(5) 仪表和阀门。

图 5-2　3D 场景中仪表

① 数值显示表如图 5-2 所示，该类表为显示表，没有任何操作，直接显示对应数值。

按一下控制仪表的键，在仪表的 SV 显示窗中出现一个闪烁的数字，每按一次键，闪烁数字便向左移动一位，哪个位置数字闪烁就可以利用和键调节相应位置的数值，调好后重按确认，并按所设定的数值应用。

② 阀门如图 5-3 所示，流量通过阀门调节实现，0 为阀门处于关闭状态，100 代表全开状态。采用三种形式展示实现过程：第一是设定数值，如阀门开度 50，在 15.00 处输入 50；第二是拖动 0 下的黑色方形条，鼠标左键按下移动，可观察 15.00 的数值变化直到 50 停止；第三是通过开阀门，鼠标左键不断点击开的阀门，开度不断增大，直至 15.00 的数值显示 50 为止。

图 5-3　3D 场景中阀门

三、仿真操作步骤

学生通过指定网址，按用户名登录后下载安装运行平台软件，以流体力学综合实验 3D 虚拟仿真为例，安装完成后显示如图 5-4 所示，确定实验项目，如离心泵特性曲线测定，鼠标左键单击操作项下黄色的“启动”按钮进入流体力学综合 3D 仿真界面，如图 5-5 所示。此时系统自动计时、统计操作成绩和上机次数等。

序号	实验项目	次数（次）	时间	最高成绩	上次时间	上次分数	操作
1	离心泵特性曲线测定	8	01:11:43	0	00:00:00	0	启动
2	a钢管阻力测定	0	00:00:00	0	00:00:00	0	启动
3	b钢管阻力测定	0	00:00:00	0	00:00:00	0	启动
4	c钢管阻力测定	0	00:00:00	0	00:00:00	0	启动

图 5-4　流体力学综合 3D 虚拟仿真实验项目

鼠标左键单击图 5-5 中的“启动”按钮进入流体 3D 虚拟仿真实验室，仿真实验室包含两部分：一是上方菜单键，包含 10 个功能，如图 5-6 所示；二是按流体实验装置模拟的 3D 虚拟设备，如图 5-7 所示。离心泵特性曲线测定的所有操作均在此设备上进行。如对实验不熟悉，可通过上方菜单功能学习，其功能介绍如下。

【返回主页】点击此【返回主页】功能模块，返回主页界面，如图 5-5 所示。

【实验介绍】如图 5-8 所示，介绍实验的基本情况，如实验目的和内容、实验原理、实验装置基本情况、实验方法及步骤和实验注意事项等。

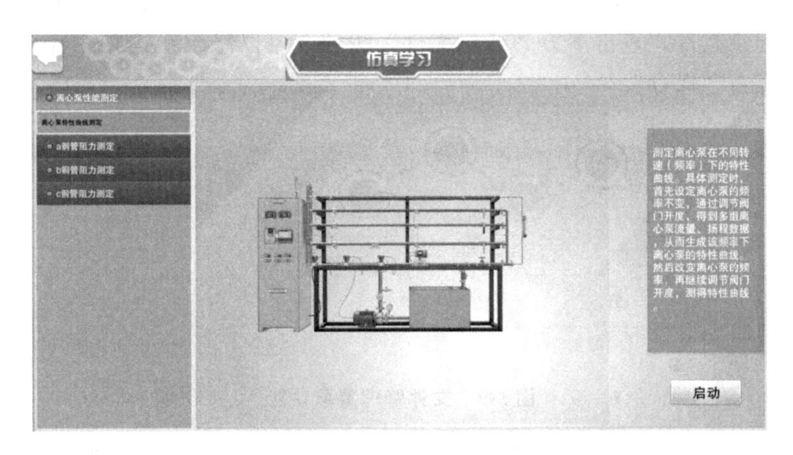

图 5-5　流体力学综合 3D 仿真界面

返回主页	实验介绍	文件管理	记录数据	查看图表	设备列表	查看评分	生成报告	系统设置	退出

图 5-6　流体力学综合 3D 仿真界面的菜单键

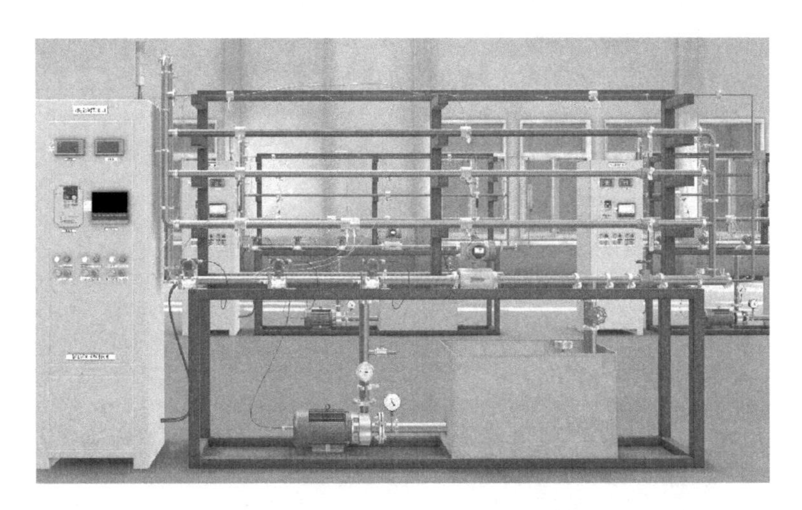

图 5-7　流体力学实验 3D 虚拟设备

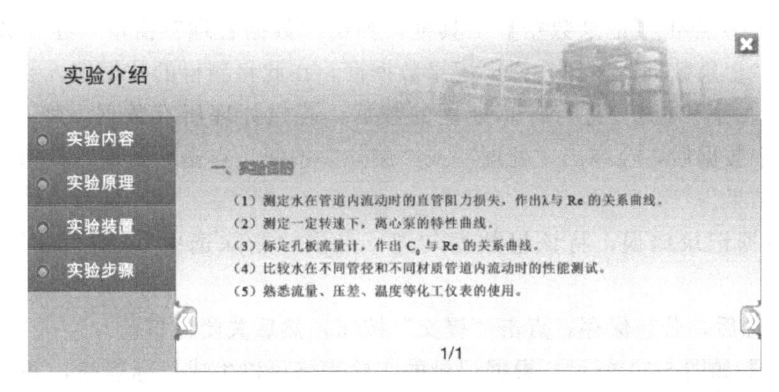

图 5-8　实验介绍菜单功能

【文件管理】如图 5-9 所示，可建立数据的存储文件名，并设置为当前记录文件。操作方法：可新建记录文件，点击下方“新建文件”按钮，可以修改新建文件名称，并设置为当前记录文件，点击“保存”。

文件管理

当前实验：离心泵特性曲线测定　　当前记录文件：默认文件

	文件描述	创建时间	修改时间	记录数目
☑	默认文件	2019-05-16 15:03:29	2019-05-16 15:03:29	0
○	离心泵实验	2022-12-07 13:04:59	2022-12-07 13:04:59	0

新建文件　删除文件　关闭

图 5-9　文件管理菜单功能

【记录数据】如图 5-10 所示实现记录数据功能，并能对记录数据进行处理。记录数据后，对于想要进行数据处理的记录数据选中前面的勾选，然后单击数据处理即可生成对应的数据。

数据管理

当前实验：离心泵性能测定-离心泵特性曲线测定　　当前编辑文件：默认文件

离心泵进口管径(m) 0.050　　离心泵出口管径(m) 0.040

水的密度(kg/m^3) 995.70　　重力加速度(m) 9.81

△Z(m) 0.20　　电机效率 0.90

当前编辑文件的数据列表

	序号	流量qv(m^3/h)	电机有功功率N(W)	进口表压P(MPa)	出口表压P(MPa)	进口流
☑	5	13.69	1040.1	0.0001	0.0915	1.94
☑	6	12.53	998.7	0.0003	0.0954	1.77
☑	7	10.61	933.6	0.0007	0.1012	1.50
☑	8	8.56	867.8	0.0010	0.1063	1.21
☑	9	6.86	815.3	0.0012	0.1097	0.97
☑	10	5.22	766.6	0.0014	0.1123	0.74
☑	11	2.35	684.1	0.0015	0.1152	0.33
☑	12	0.00	668.6	0.0015	0.1156	0.00

✔ 仿真装置数据　　真实装置数据

☑ 全选　记录数据　删除选中　提交　关闭

图 5-10　记录数据菜单功能

操作方法：① 点击【记录数据】工具框，弹出“数据管理”窗口，在“数据管理”窗口中选择下方“记录数据”按钮，弹出记录数据框，在此将测得的数据填入。

② 数据记录后，勾选要进行计算处理的数据，若想处理所有数据，将下方的“全选”勾选即可，选中数据后，会弹出“处理”或“删除”按钮，点击“处理”按钮，就会将记录的数据计算出结果。

③ 如若数据记录错误，将该组数据勾选，点击“删除选中”，即可删除选中的错误数据。

④ 数据处理后，若想保存，点击“提交”按钮，然后关闭窗口。

【查看图表】如图 5-11 所示，根据记录的实验表格可以生成目标表格，并可插入到实验报告中。

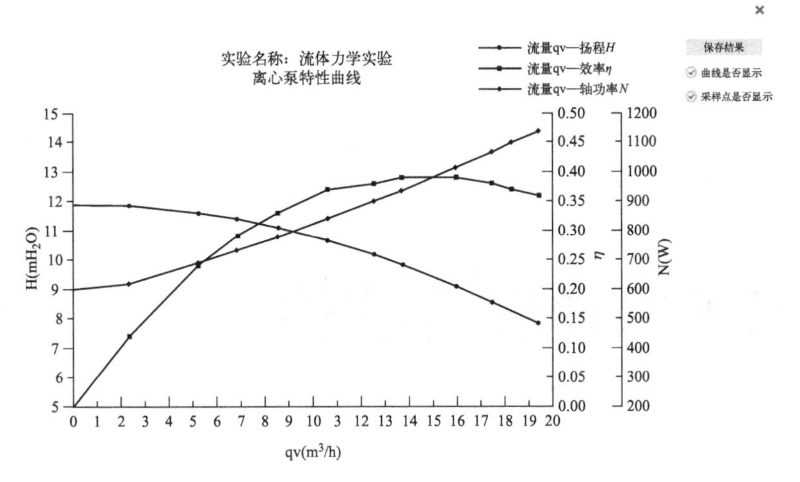

图 5-11　查看图表菜单功能

【设备列表】对设备、阀门、仪表和开关进行分类，单击类别能迅速定位到目标。如要找涡轮流量计，通过一级、二级、三级菜单很快找到，如图 5-12 所示。

【查看评分】如图 5-13 所示可查看自己实际操作成绩，及时发现哪些步骤操作正确，哪些步骤操作错误。

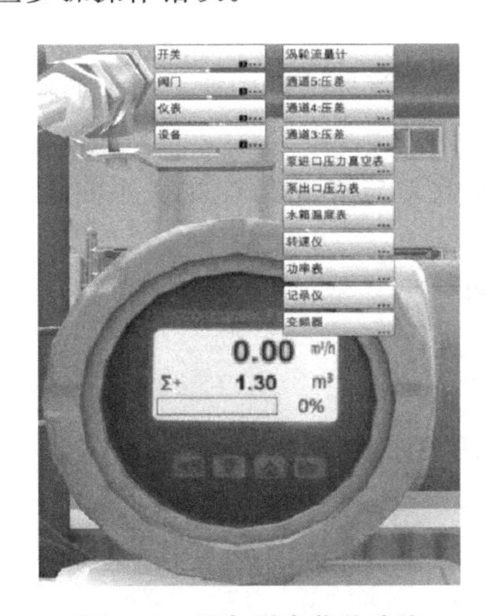

图 5-12　设备列表菜单功能

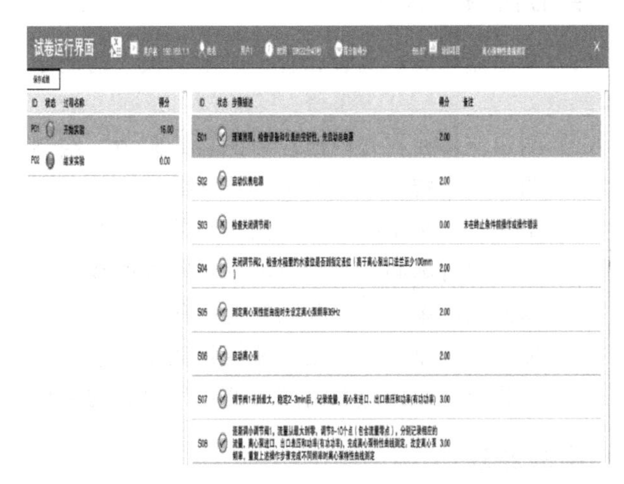

图 5-13　查看评分菜单功能

【生成报告】如图 5-14 所示，仿真软件可生成打印报告作为预习报告提交给实验教师。

【系统设置】点击此【系统设置】功能模块，弹出系统设置对话框，可设置背景音乐、场景设置等，设置完成后返回界面。

【退出】如图 5-15 所示点击退出实验，返回到主界面，安全退出。

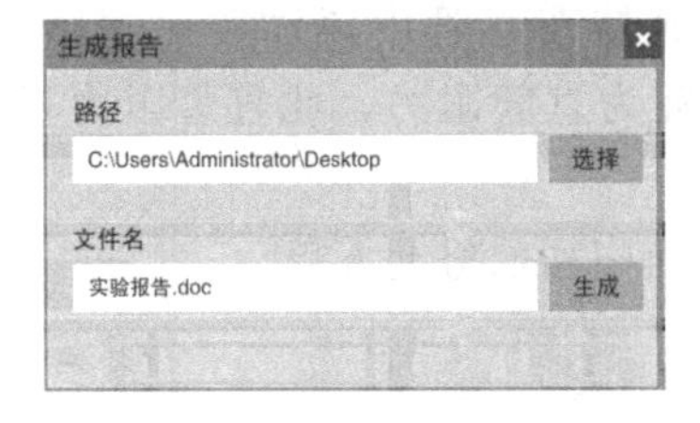

图 5-14　生成报告菜单功能

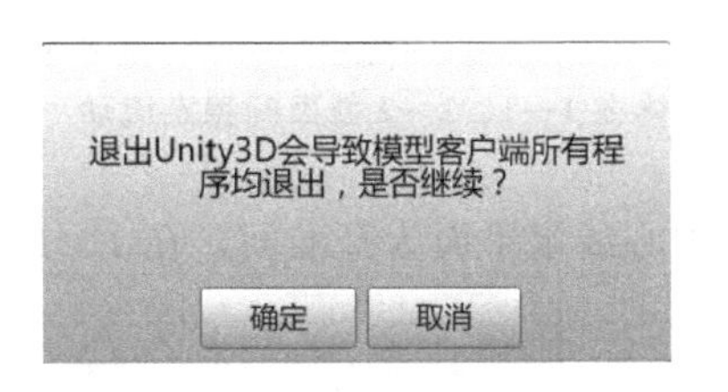

图 5-15　退出菜单功能

6 化工原理综合实验

实验一　流体力学实验

一、实验内容及任务

（1）掌握流体流经直管和管件时阻力损失的测定方法，了解流体流动中能量损失的变化规律。

（2）测定流体在直管内流动时的直管阻力，绘制摩擦系数 λ 与雷诺数 Re 的关系曲线。

（3）测定一定转速下离心泵的特性曲线。

（4）了解离心泵结构，学会离心泵的操作和流量调节的方法。

（5）测定单台离心泵运行时的管路特性曲线。

（6）掌握离心泵的串、并联组合操作。

（7）标定孔板流量计，绘制流量系数 C_0 与雷诺数 Re 的关系曲线。

（8）熟悉流量、压差和温度等的化工仪表的使用。

二、实验原理

（1）流体的重要特点在于它的流动性，即流体内部质点间产生相对位移，真实流体质点的相对流动表现出剪切力，又称内摩擦力。流体在管道内流动时，由于实际流体有黏性，必然存在内摩擦力，引起流体的能量损耗，此能量损耗称为阻力损失。阻力损失可分为直管阻力和局部阻力。流体在直管内流动时（如图 6-1 所示）的能量损耗为直管阻力，此直管阻力根据伯努利方程求得。

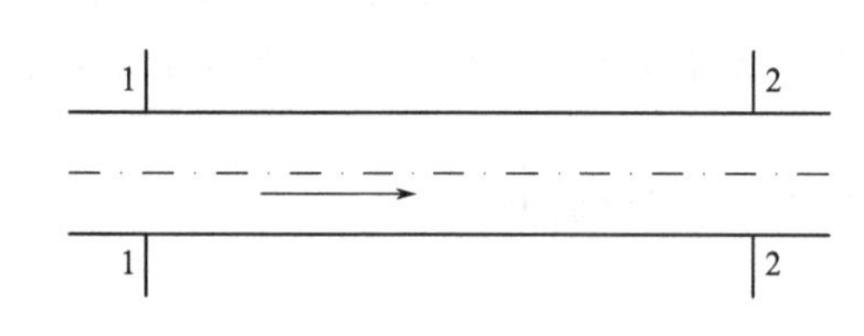

图 6-1　流体在 1—1、2—2 截面间稳定流动

以管中心线水平面为基准面，在 1—1、2—2 截面间列伯努利方程：

$$\frac{p_1}{\rho}+\frac{u_1^2}{2}+gz_1=\frac{p_2}{\rho}+\frac{u_2^2}{2}+gz_2+h_f \tag{6-1}$$

因 $u_1=u_2$、$z_1=z_2$，故流体在等直径管 1—1、2—2 两截面间的直管阻力为

$$h_f=\frac{p_1-p_2}{\rho}=\frac{\Delta p}{\rho} \tag{6-2}$$

流体在流动过程中的运动机理十分复杂，影响直管阻力的因素很多，目前还不能完全用理论方法求解，必须通过实验研究其变化规律。为了减少实验工作量，使实验结果具有普遍意义，采用量纲分析法将影响直管阻力的诸因素进行整理，合并成无量纲的特征方程式。

影响流体流过直管时直管阻力的因素有：流体的性质（密度 ρ、黏度 μ）、管材的几何尺寸（管长 l、管径 d、管壁粗糙度 ε）和流动条件（流速 u）。直管阻力与各变量之间的关系可表示为

$$\Delta p=f(u,\mu,\rho,d,l,\varepsilon) \tag{6-3}$$

通过量纲分析法，将式(6-3) 中的变量关系转变为无量纲特征数关系式

$$\frac{\Delta p}{\rho u^2}=\phi\left(\frac{du\rho}{\mu},\frac{l}{d},\frac{\varepsilon}{d}\right) \tag{6-4}$$

式中，$\frac{\Delta p}{\rho u^2}=Eu$，欧拉数；$\frac{du\rho}{\mu}=Re$，雷诺数；$\frac{l}{d}$，几何数；$\frac{\varepsilon}{d}$，管壁相对粗糙度。式(6-4) 可整理为

$$\frac{\Delta p}{\rho}=\phi\left(\frac{du\rho}{\mu},\frac{\varepsilon}{d}\right)\frac{l}{d}\frac{u^2}{2} \tag{6-5}$$

令 $\lambda=\phi\left(\frac{du\rho}{\mu},\frac{\varepsilon}{d}\right)$，流体流过直管时的直管阻力可表达为

$$h_f=\frac{\Delta p}{\rho}=\lambda\frac{l}{d}\frac{u^2}{2} \tag{6-6}$$

由式(6-6) 可得摩擦系数为

$$\lambda=\frac{2d\Delta p}{\rho l u^2} \tag{6-7}$$

$$Re=\frac{du\rho}{\mu} \tag{6-8}$$

式中，h_f 为直管阻力，J/kg；λ 为摩擦系数；l、d 分别为流体流经直管的长度和管内径，m；Δp 为流体阻力引起的压降，Pa；ρ 为流体的密度，kg/m^3；μ 为流体的黏度，Pa·s；u 为流体在管内的流速，m/s。

流体在水平等管径内流动时，由差压变送器测定一定流量下其流经一段管路所产生的压降，代入式(6-2) 即可算得直管阻力 h_f。其流量由电磁流量计或转子流量计测量，流量除以管道截面积即可求得流速 u。在已知管径 d 和管长 l 的情况下，使用温度传感器测定流体的温度确定其密度 ρ 和黏度 μ，通过式(6-7) 和式(6-8) 求出摩擦系数 λ 和雷诺数 Re，从而关联出流体流过直管时摩擦系数 λ 与雷诺数 Re 的关系曲线。

流体在管内层流时摩擦系数 λ 与雷诺数 Re 的关系如图 6-2 所示，在双对数坐标下是一条直线，此直线理论推导式为 $\lambda=\frac{64}{Re}$，摩擦系数只与流体的流动类型有关，随雷诺数 Re 的

增加而减小，而与管壁粗糙度无关。

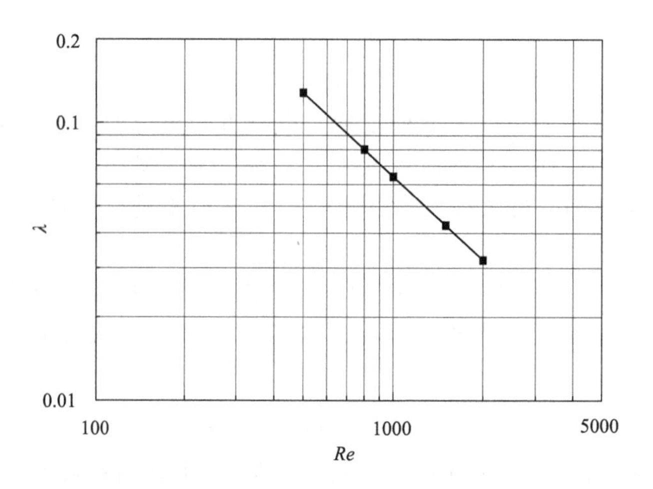

图 6-2　流体在层流时摩擦系数 λ 与雷诺数 Re 关系曲线

流体在管内湍流时摩擦系数 λ 与雷诺数 Re 的关系如图 6-3 所示，摩擦系数 λ 随雷诺数 Re 的增加而减小，逐渐趋于一个定值，此时流体进入完全阻力平方区，摩擦系数仅与管壁的相对粗糙度有关，与雷诺数 Re 的增加无关，它随管壁相对粗糙度的增加而增加。

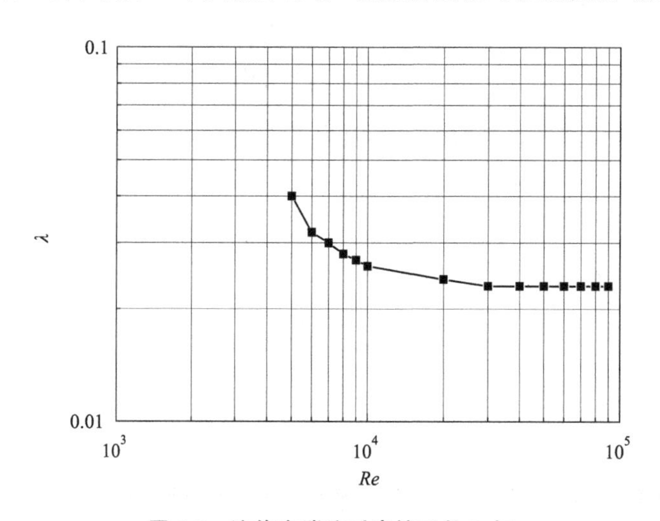

图 6-3　流体在湍流时摩擦系数 λ 与雷诺数 Re 关系曲线

许多学者实验研究了摩擦系数与雷诺数和壁面相对粗糙度的关系，其中较简单的是柏拉修斯（Blasius）公式

$$\lambda=\frac{0.3164}{Re^{0.25}} \tag{6-9}$$

式(6-9) 适用于光滑管，雷诺数 Re 在 $2500\sim1\times10^5$ 的范围内。

阻力损失除了直管阻力，还有局部阻力。流体流经管路上安装的管件、阀件时，除了流动的内摩擦力外，还有流道的突变所造成极易发生边界层分离而产生旋涡，引起的流体能量损

耗，此损耗能量为局部阻力。局部阻力有两种表示方法，即当量长度法和阻力系数法。其阻力系数法的公式为

$$h_f'=\zeta\frac{u^2}{2} \tag{6-10}$$

式中，ζ 为局部阻力系数，它与管件的几何形状和雷诺数 Re 有关，当 Re 大于一定值时，ζ 为定值，仅取决于管件的结构，与 Re 无关。

(2) 离心泵是化工生产中应用最广泛的液体输送设备，只有当我们了解了离心泵的结构、工作原理，掌握了其操作方法，得到了离心泵的性能参数时，才能正确使用离心泵。离心泵的性能参数有流量 q_v、扬程（压头）H、轴功率 N、效率 η 和允许汽蚀余量或吸上真空高度等。离心泵在一定转速下，扬程、轴功率、效率均随流量的变化而变化，通常将扬程与流量（$H\sim q_v$）、功率与流量（$N\sim q_v$）、效率与流量（$\eta\sim q_v$）三条曲线称为离心泵的特性曲线，如图 6-4 所示。离心泵的特性曲线是选择和使用离心泵的重要依据。

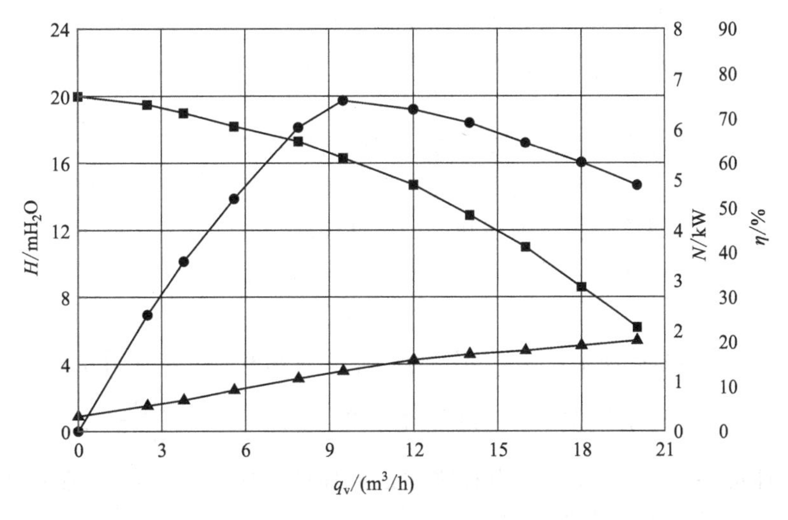

图 6-4 在一定转速下离心泵的特性曲线

■ $H\sim q_v$ 线；▲ $N\sim q_v$ 线；● $\eta\sim q_v$ 线

① 泵的流量 q_v 测定。泵的流量是离心泵在单位时间内排到管道系统的液体体积。经离心泵输送的流量 q_v 由电磁流量计测定。

② 泵的压头 H 测定与计算。离心泵的压头，也称为扬程，是离心泵对单位重量流体所提供的外加能量。以离心泵入口管中心线的水平面为基准面，离心泵入口真空压力表处为 1—1 截面，出口压力表处为 2—2 截面，在 1—1 截面、2—2 截面之间列出伯努利方程式，确定流体经离心泵所增加的能量（mH_2O，$1mH_2O=9806.65Pa$），此能量即为压头（扬程）H，其计算式为

$$H=\frac{p_2-p_1}{\rho g}+\frac{u_2^2-u_1^2}{2g}+(z_2-z_1)+\sum H_{f_{1-2}} \tag{6-11}$$

式中，$\sum H_{f_{1-2}}\approx 0$；$H$ 为离心泵扬程，mH_2O；p_1、p_2 为离心泵进、出口表压，Pa；u_1、u_2 为离心泵进、出口管内流速，m/s；z_1、z_2 为离心泵进、出口压力表处离基准面的高度，m；ρ 为流体密度，kg/m^3。

③ 泵的轴功率 N 测定与计算。离心泵的轴功率 N(kW) 是指泵轴运转所需的功率，采

用功率表测定电机功率 $N_{电}$，用电机功率乘以电机效率和传递效率，按式(6-12) 进行计算即得泵的轴功率。

$$N = N_{电} \times \eta_{电} \times \eta_{传} \tag{6-12}$$

式中，N 为离心泵轴功率，kW；$\eta_{电}$ 为电机效率，由电动机效率曲线获得；$\eta_{传}$ 为机械传动效率，近似取为 0.95；$N_{电}$ 为电动机的输入功率，由功率表测定，kW。

④ 泵的效率 η 计算。流体从泵获得的实际功率为泵的有效功率 N_e。离心泵的效率 η 是离心泵的有效功率 N_e 与轴功率 N 的比值，即

$$\eta = \frac{N_e}{N} \times 100\% = \frac{q_v H \rho g}{N} \times 100\% \tag{6-13}$$

效率的最高点称为设计点。离心泵在此点对应的流量和扬程下工作最为经济，因此与最高效率点对应的 q_v、H 和 N 值称为最佳工况参数。一般将最高效率值的 92%的范围称为泵的高效区，泵应尽量在该范围内操作。

离心泵的特性曲线是在一定转速下的数据，当转速变化时，其特性曲线也随之变化。本实验安装了变频器，通过设定电机频率改变离心泵的转速，可测定不同转速时离心泵的特性曲线。

(3) 管路特性曲线测定。离心泵安装在特定的管路系统中工作时，实际的流量和压头不仅与离心泵的性能有关，还与管路特性有关。管路特性曲线是流体流经管路系统时流量和所需压头之间的关系。若将管路特性曲线和泵的特性曲线绘制在同一坐标图上，两条曲线的交点即为泵在该管路中的工作点。其管路特性方程可表示如下

$$H_L = A + K q_v^2 \tag{6-14}$$

式中，H_L 为管路系统所需压头，mH_2O；q_v 为管路系统的输送流量，m^3/s。

固定的管路系统在一定操作条件下进行时，式(6-14) 中 $A = \frac{\Delta p}{\rho g} + \Delta z$ 为定值，其中 Δz 为管路输送流体的高度差，m；Δp 为管路输送流体的压降，Pa。K 与管件和阀门开度有关，实验中固定阀门开度，因此 K 是常数。

本实验通过固定的管路系统，固定阀门的开度，改变电机频率，相应离心泵的转速发生变化，管路系统流量随之发生变化。在不同转速下测量系统流量和泵所提供的压头，可绘制管路特性曲线，确定参数 A、K 值。

(4) 离心泵串联或并联操作。在化工生产过程中，有时单台离心泵无法满足流体输送任务，此时需将离心泵串联或并联组合安装，将组合安装的离心泵视为一泵组。根据离心泵串联或并联工作的规律，可以绘制泵组的特性曲线，据此确定泵组的工作点。

两台相同的离心泵串联操作时，离心泵输送流量相同，泵组的压头为该流量下各泵的压头之和。两台相同的离心泵并联操作时，泵在同一压头下工作，泵组的流量为同一压头下各泵对应的流量之和。离心泵串联或并联可增加管路系统的流量和压头。由于管路存在阻力，在同一压头下两台并联泵的流量不会增加到两倍，在同一流量下两台串联泵的压头不会增加到两倍。实验采用单台泵测量特性曲线的方法测定串联或并联泵组的特性曲线。

(5) 流量计标定。流体的流速和流量是化工生产中重要参数之一，为了保证流体稳定连续地流动，常常需要测定流量，并进行调节和控制。本实验重点考察压差式流量计的校正。压差式流量计也称速度式流量计，通过测定流体的压差来确定流体的速度，常用的有孔板流量计、文丘里流量计和喷嘴流量计。

当流体流经孔板流量计的锐孔时，流通截面突然收缩，流体流经孔板时因流道缩小、流速增大，即动能增大，且由于惯性作用从孔口流出后继续收缩形成最小截面（称为缩脉），缩脉处流速最大因而静压相应最低，在孔板前上游截面和此缩脉截面之间列伯努利方程式，通过连续性方程整理得

$$u_0=C_0\sqrt{\frac{2(p_1-p_2)}{\rho}} \tag{6-15}$$

$$q_v=A_0u_0=C_0A_0\sqrt{\frac{2(p_1-p_2)}{\rho}} \tag{6-16}$$

式中，p_1、p_2 为孔口前、后测压点的静压强，Pa；C_0 为孔流系数或流量系数；ρ 为流体的密度，kg/m^3；u_0 为孔口的流体流速，m/s；q_v 为管道内流体的体积流量，m^3/s；A_0 为孔板孔口截面积，m^2。

影响 C_0 的因素很多，孔流系数取决于管内流动的雷诺数 Re_d、孔板开孔截面积与管道截面积的比值$\left(\frac{d_0}{d_1}\right)^2$ 及取压方式和孔板加工、安装等许多情况，因此只有通过实验测定。对于测压方式、结构尺寸、加工状况等已规定的标准孔板，孔流系数 C_0 可表示为

$$C_0=f\left[Re_d,\left(\frac{d_0}{d_1}\right)^2\right] \tag{6-17}$$

式中，d_0 为孔板开孔管径，m；d_1 为孔板前直管段的管径，m；Re_d 是以管径 d_1 计算的雷诺数。

$$Re_d=\frac{d_1u_1\rho}{\mu} \tag{6-18}$$

式中，u_1 为孔板前直管内的流速，m/s；μ 为流体的黏度，Pa·s；ρ 为流体的密度，kg/m^3。

实验通过差压传感器测定孔板流量计前后静压差 Δp，电磁流量计测定流量 q_v，绘制 q_v 与 Δp 的关系曲线和在一定的$\left(\frac{d_0}{d_1}\right)^2$ 下孔流系数 C_0 与雷诺数 Re_d 的关系曲线。

（6）流体在管内流动时，其流动类型与流体的密度、黏度、管道直径及流体在管道内的流速等有关。经实验研究，用一无量纲数 $Re=\frac{du\rho}{\mu}$的大小将流体流动类型分为层流、过渡流和湍流，这个无量纲数称为雷诺数，以 Re 表示。

实验是在一管道内，以水为流动介质，若改变水的流量，测得流量 q_v、管径 d，用温度传感器测定水的温度，并查出水的密度 ρ 和黏度 μ 后，即可算出相应的 Re 数值，从而确定流体的流动类型。

三、实验装置和流程

（1）流体力学实验装置流程。实验装置主要由水箱、离心泵、流量计、不同的管材和管件组合而成，如图 6-5(a) 所示。水箱的水作为流体，经过离心泵流入各管路后又回到水箱，循环使用。管路系统中流量的计量采用电磁流量计、孔板流量计和转子流量计，压降测定采用带三阀组［如图 6-5(a) 中 1、3、4 锥形阀组成一个三阀组］的差压变送器，仪表数据上传到控制柜的电脑（触摸屏一体机）显示并保存，通过电脑可观察测量点数据的实时变化及

历史数据。控制柜包含设备供电控制、离心泵启停控制和变频调节、仪表供电控制等，其控制柜面板如图 6-5(b) 所示。

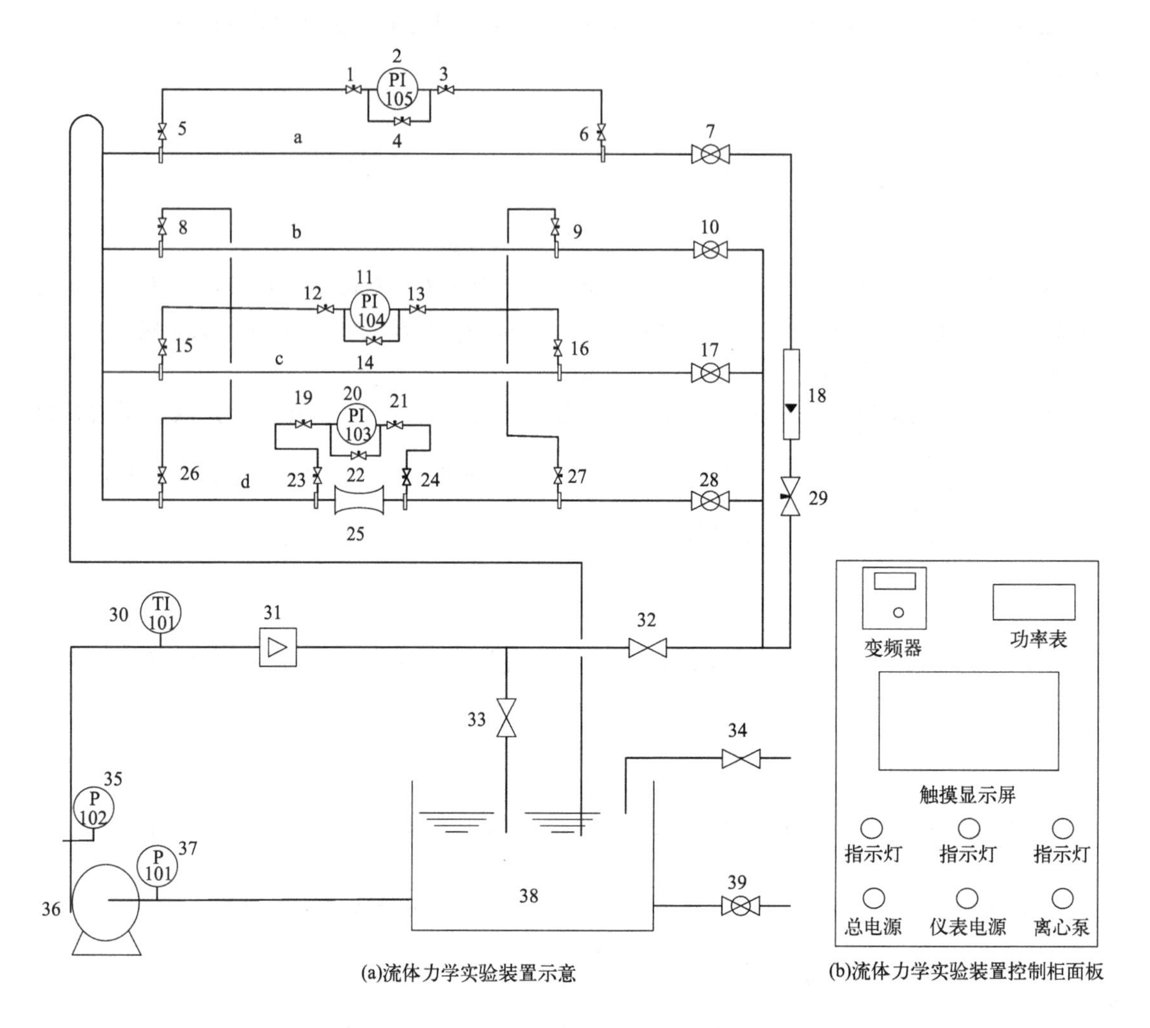

(a)流体力学实验装置示意

(b)流体力学实验装置控制柜面板

图 6-5　流体力学实验装置示意及控制柜面板

1，3，4，12，13，14，19，21，22，29—锥形阀；2，11，20—差压变送器；5，6，8，9，15，16，23，24，26，27—测压阀；7，10，17，28，39—球阀；18—转子流量计；25—孔板流量计；30—温度传感器；31—电磁流量计；32，33，34—闸阀；35—压力表；36—离心泵；37—真空压力表；38—水箱；a—层流管；b—普通管；c—粗糙管；d—流量计标定管

（2）设备及仪表

① 设备：离心泵、水箱。1# ～6# 实验装置的离心泵出口压力表与进口真空表之间的距离为 0.2m，离心泵进口管内径为 50mm，出口管内径为 40mm；7# ～12# 实验装置的离心泵出口压力表与进口真空表之间的距离为 0.6m，离心泵进、出口管内径均为 50mm。

② 层流管（a 管）：1# ～6# 实验装置的管材为 ϕ10mm×2mm 钢管，测压之间距离为 2.0m；7# ～12# 实验装置的管材为 ϕ10mm×2mm 钢管，测压之间距离为 1.43m。

③ 普通管和粗糙管（b 管或 c 管）：1# ～6# 实验装置的管材为 ϕ35mm×2mm 钢管，测

压之间距离为 1.2m；7# ～12# 实验装置的管材为 ϕ31mm×2mm 钢管，测压之间距离为 1.43m。

④ 流量计标定管（d 管）：1# ～6# 实验装置的管材为 ϕ35mm×2mm 钢管，测压之间距离为 1.2m，孔板的孔径为 22mm；7# ～12# 实验装置的管材为 ϕ31mm×2mm 钢管，测压之间距离为 1.43m，孔板的孔径为 19.5mm。

⑤ 仪表：温度传感器、差压变送器、压力表、电磁流量计、转子流量计、孔板流量计和功率表。

⑥ 控制柜：变频器、触摸显示屏、功率表、仪表控制模块。

四、实验操作要点

(1) 理清实验装置，检查设备和仪表是否完好，检查管路系统中所有阀门处于关闭状态。先启动总电源，再启动仪表电源，观察仪表工作是否正常。

(2) 检查水箱里的水位，至少高于离心泵出口法兰 200mm，否则需给水箱补水。

(3) 检查并保持离心泵的进口管路畅通，确保流体已充满离心泵，启动离心泵，设定电机频率到所需频率。离心泵启动后，如果声音异常，应及时关闭离心泵进行检查。

(4) 测定离心泵特性曲线时，优选带闸阀 33 的循环管路，通过闸阀 33（逆时针为开启，顺时针为关闭）调节流量，闸阀 33 开到最大开度，流量最大，观察流量、压力表显示变化，稳定 2～3 分钟后，记录水温、流量、离心泵进出口表压和功率。

(5) 通过闸阀 33 改变流量，流量从最大到零，每调节一次流量，至少稳定 2～3 分钟后，记录流量、离心泵进出口表压和功率。

(6) 合理分配流量，重复操作以上第 (5) 实验步骤 15 次左右，完成离心泵特性曲线测定。

(7) 改变离心泵的电机频率，重复操作以上第 (5)、(6) 实验步骤可完成不同频率时离心泵特性曲线测定。

(8) 开启闸阀 32，全开管路的球阀 7、10、17、28 和锥形阀 29，关闭闸阀 33，排除管路系统内的空气，保证管内流体稳定连续流动。

(9) 测定 a 管内流体的直管阻力时，开启所测管路的测压阀 5 和 6，再开启锥形阀 1、3 和 4（三阀组），排除测压管内的气体，使测压管内充满流体。

(10) 通过锥形阀 29 调节流量，观察测压管内的气体是否排尽，排尽后，关闭锥形阀 4，稳定 2～3 分钟，记录温度、流量和压差。

(11) 通过锥形阀 29 改变流量，流量从小（最小刻度时的流量）到大，稳定 2～3 分钟，记录相应的流量和压差。

(12) 重复操作以上第 (11) 实验步骤至少 6 次，完成流体在 a 管内的直管阻力测定。

(13) 测定 b 管内流体在湍流时的直管阻力，开启球阀 10，开启所测管路的测压阀 8 和 9，再开启锥形阀 12、13 和 14，检查并关闭其余管路的球阀 7、17、28，保证流体全部流经此管路并排除测压管内的气体，使测压管内充满流体。

(14) 关闭锥形阀 14，通过闸阀 32 调节流量到最大，稳定至少 2～3 分钟，记录流量、压差和水温。

(15) 通过闸阀 32 改变流量，稳定至少 2～3 分钟，记录相应的流量、压差和水温。

(16) 重复操作以上第 (15) 实验步骤 8～10 次，流量从最大到 $2m^3/h$，合理分配流量，完成流体在 b 管内湍流时的直管阻力测定。

(17) 测定 c 管内流体在湍流时的直管阻力时，开启球阀 17，开启所测管路的测压阀 15 和 16，检查并开启锥形阀 12、13 和 14，关闭其余管路的球阀 7、10、28，保证流体全部流经此管路并排除测压管内的气体，使测压管内充满流体。

(18) 重复操作以上第 (14)、(15)、(16) 实验步骤 8～10 次，完成流体在 c 管内湍流时的直管阻力测定。

(19) 标定孔板流量时，开启球阀 28，测压阀 23 和 24，锥形阀 19、21 和 22，检查并关闭其余管路的球阀 7、10、17，保证流体全部流经此管路并排除测压管内的气体，使测压管内充满流体。

(20) 关闭锥形阀 22，通过闸阀 32 调节流量，观察并注意差压变送器不要超量程。记录温度、流量和压差。

(21) 通过闸阀 32 改变流量，稳定 2～3 分钟，记录相应的流量和压差。

(22) 重复操作第 (21) 实验步骤 8～10 次，压差从最大 (最大量程) 到小，合理分配压差可完成孔板流量计标定。

(23) 其他实验内容，可参照上述操作要点自行拟定。

(24) 实验数据采集完成后，关闭所有阀门，变频调零，依次关闭离心泵电源、仪表电源和总电源。

实验操作注意事项：

① 实验前检查水箱液位。

② 启动离心泵时注意观察泵的声音是否异常。

③ 调节流量时，观测压差不要超过仪表量程范围。

④ 严禁丢东西到水箱。

⑤ 实验完毕后锥形阀 4、14 和 22 应处于常开状态。

⑥ 注意变频器、转子流量计的正确使用。

五、实验数据记录和处理

(1) 实验数据记录必须真实、不能任意改动数据，数据一律记在预习实验时所拟表格中，测定离心泵特性曲线的实验数据记录参考表如表 6-1 所示。

表 6-1　测定离心泵特性曲线的实验数据记录参考表

装置编号：__________；实验日期：__________；室温：__________℃；

离心泵型号：__________；泵的进口管径：__________ mm；泵的出口管径：__________ mm；

泵进出口测压点高度差：__________ m；流体温度：__________℃；电机频率：__________ Hz。

序号	转速 n/(r/min)	流量 q_v/(m^3/h)	泵入口压力 p_1/MPa	泵出口压力 p_2/MPa	功率 $N_电$/W	备注
1						
2						
3						
⋮						
15						

(2) 测定直管阻力的实验数据记录参考表如表 6-2 所示。

表 6-2　测定直管阻力的实验数据记录参考表

装置编号：________；实验日期：________；室温：________℃；

a 管管长：________ m；a 管管径：________ mm；b 管管长：________ m；b 管管径：________ mm；

c 管管长：________ m；c 管管径：________ mm；水温：________℃。

序号	c 管阻力测定		b 管阻力测定		a 管阻力测定		备注
	流量 q_v/(m^3/h)	压差 Δp/kPa	流量 q_v/(m^3/h)	压差 Δp/kPa	流量 q_v/(L/h)	压差 Δp/Pa	
1							
2							
3							
⋮							
10							

（3）离心泵特性曲线和直管阻力测定的数据处理参考表如表 6-3 和表 6-4 所示。

表 6-3　测定离心泵特性曲线的数据处理参考表

序号	流量 q_v/(m^3/h)	扬程 H/m	轴功率 N/W	效率 η	备注
1					
2					
3					
⋮					
15					

表 6-4　测定直管阻力损失的数据处理参考表

序号	a 管阻力测定			b 管阻力测定			c 管阻力测定		
	阻力损失 h_f/(J/kg)	Re	λ	阻力损失 h_f/(J/kg)	Re	λ	阻力损失 h_f/(J/kg)	Re	λ
1									
2									
3									
⋮									
10									

（4）其他实验内容的实验数据记录表和数据处理表依据上述参考表格式自行拟定。

六、实验思考与讨论问题

（1）直管阻力产生的原因是什么？如何测定及计算？

（2）影响本实验测量准确度的原因有哪些？怎样测准数据？

（3）根据实验装置，如何确定离心泵在管路中的工作点？

（4）水平或垂直管中，相同直径、相同实验条件下所测出的阻力是否相同？

（5）电磁流量计测量流量的原理是什么？

（6）仔细观察实验装置，提出更多的实验方案，并分析本实验装置存在的问题及改进建议。

实验二　板框过滤实验

一、实验内容及任务

（1）熟悉板框压滤机的结构和操作方法。

（2）通过恒压过滤实验，验证过滤基本理论。

（3）测定恒压条件下过滤常数 K 及压缩性指数 s。

（4）掌握不同过滤压力、过滤阻力和悬浮液浓度对过滤速率的影响。

二、实验原理

过滤是固液分离过程，在恒压差（Δp）的作用下，将悬浮液送至过滤介质的一侧，在其上维持比另一侧较高的压力，悬浮液中的固体颗粒呈饼层状截留于过滤介质（滤布）的一侧，液体通过介质形成滤液，固体颗粒则被截流逐渐形成滤饼，从而使固体颗粒得以同滤液相分离。过滤速率由过滤压差及过滤阻力决定。过滤阻力由滤布和滤饼两部分组成。因为滤饼厚度随着时间而增加，所以恒压过滤速率随时间而降低。

过滤速率 u 定义为单位时间单位过滤面积内通过过滤介质的滤液量。在过滤操作过程中，影响过滤速率的主要因素除过滤推动力 Δp、滤饼厚度外，还受到饼层和悬浮液的性质、悬浮液的温度、过滤介质的阻力等多种因素的影响。通常用单位时间通过单位过滤面积的滤液体积 q[$m^3/(m^2 \cdot s)$ 或 m/s] 来表示，也可以用单位时间通过过滤介质的滤液体积 V(m^3/s) 来表示。

过滤时滤液流过滤饼和过滤介质的流动过程基本上处在层流流动范围内，因此，可用流体通过固定床压降的简化模型来寻求滤液量与时间的关系，由此可得过滤速率计算式为

$$u=\frac{dV}{A\,d\tau}=\frac{dq}{d\tau}=\frac{A\Delta p}{\mu r v(V+V_e)}=\frac{A\Delta p^{1-s}}{\mu r_0 v(V+V_e)} \tag{6-19}$$

式中，u 为过滤速率，m/s；V 为通过过滤介质的滤液量，m^3；A 为过滤面积，m^2；τ 为过滤时间，s；Δp 为过滤压力，Pa；s 为滤饼的压缩性指数；μ 为滤饼的黏度，Pa·s；r 为滤饼比阻，m^{-2}，$r=r_0(\Delta p)^s$；r_0 为滤饼在单位压差下的比阻，m^{-2}；v 为与单位体积滤液相当的滤饼体积，m^3/m^3；V_e 为过滤介质的当量滤液体积，m^3。

对于一定的悬浮液，在恒温和恒压下过滤时，μ、r_0、v 和 Δp 都恒定，为此令

$$K=\frac{2\Delta p^{1-s}}{r_0 v\mu}=2k\Delta p^{1-s} \tag{6-20}$$

其中 k 为滤饼的特性常数，$k=\frac{1}{r_0 v\mu}$，式(6-19) 可改写为

$$\frac{dV}{d\tau}=\frac{KA^2}{2(V+V_e)} \tag{6-21}$$

式中，K 为过滤常数，m^2/s，由物料特性及过滤压差决定。

将上式分离变量并积分，整理得

$$\int_{V_e}^{V+V_e}(V+V_e)d(V+V_e)=\frac{1}{2}KA^2\int_0^{\tau}d\tau \tag{6-22}$$

$$V^2+2VV_e=KA^2\tau \tag{6-23}$$

将式(6-22) 的积分上下限改为从 0 到 V_e 和从 0 到 τ_e 积分，则

$$V_e^2=KA^2\tau_e \tag{6-24}$$

在恒压过滤时，过滤速率方程式通过式(6-23)、式(6-24) 整理得

$$(q+q_e)^2=K(\tau+\tau_e) \tag{6-25}$$

式中，q 为通过单位过滤面积的滤液体积，m^3/m^2；q_e 为通过过滤介质的当量滤液体积，m^3/m^2；τ、τ_e 分别为过滤时间和过滤介质的当量过滤时间，s。

对式(6-25) 微分得

$$2(q+q_e)dq=Kd\tau \tag{6-26}$$

$$\frac{d\tau}{dq}=\frac{2}{K}q+\frac{2}{K}q_e \tag{6-27}$$

式(6-27) 表明$\frac{d\tau}{dq}$与 q 应成直线关系，其斜率为$\frac{2}{K}$，截距为$\frac{2q_e}{K}$。

根据测定的数据计算 K，以$\frac{\Delta\tau}{\Delta q}$增量比值代替$\frac{d\tau}{dq}$，即

$$\frac{\Delta\tau}{\Delta q}=\frac{2}{K}q+\frac{2}{K}q_e \tag{6-28}$$

在一定过滤面积的板框压滤机上，只需测出一系列时间 τ 上累计的滤液量 q，从而得到一系列相互对应的 $\Delta\tau$ 与 Δq 之值，在直角坐标上以$\frac{\Delta\tau}{\Delta q}$与 q 标绘，即可求得 K 和 q_e，如图 6-6所示。

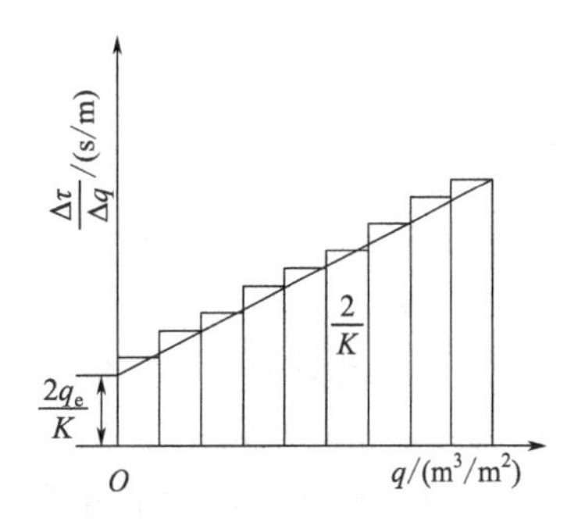

图 6-6 Δτ/Δq 与 q 的关系

当压缩性指数 s 为 0，恒定压差下由 $K=2k\Delta p^{1-s}$ 关系即可得滤饼的特性常数 k。

改变过滤压差 Δp，可测得不同的 K 值，由 K 的定义式两边取对数得

$$\lg K=(1-s)\lg(\Delta p)+B \tag{6-29}$$

在实验压差范围内，若 B 为常数，则 $\lg K\sim\lg(\Delta p)$的关系在直角坐标上应是一条直线，斜率为 $1-s$，由此可得滤饼压缩性指数 s。

三、实验装置和流程

(1) 过滤实验装置流程。实验装置由板框压滤机、配料槽（带搅拌)、加料泵及计量箱组成。实验过滤设备是由若干板和框所组成的板框压滤机，其装置示意图如图 6-7 所示。由电机带动搅拌浆旋转，保持配料槽中的碳酸钙悬浮液浓度均匀，配料槽中的滤浆由离心式加料泵送入组合好的板框压滤机内进行过滤，保持压力表的读数恒定，碳酸钙颗粒在滤布上被截流而形成滤饼，滤液经滤板排出到计量箱，由计量箱计量，计量滤液量时，还需同时用秒表或记录仪记录时间。

(2) 设备及仪表

① 设备：加料泵、配料槽（带搅拌）和板框压滤机。

② 仪表：压力表、秒表、计量箱（带液位计)。

③ 控制箱：记录仪、变频器、设备和仪表的控制模块。

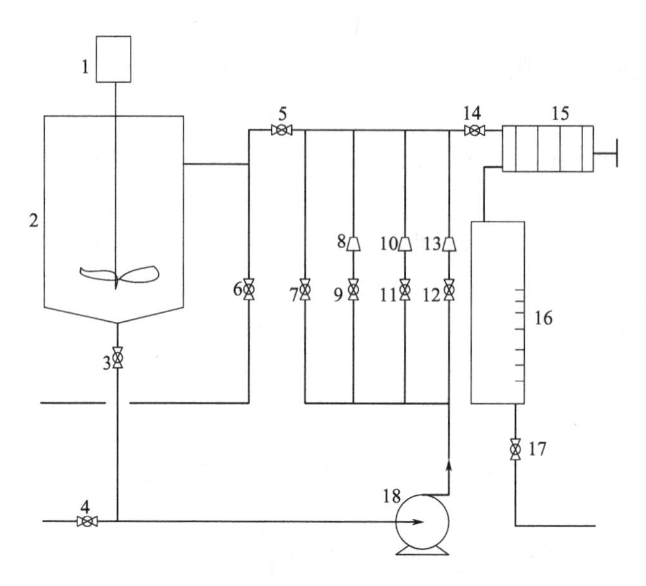

图 6-7 板框过滤实验装置示意

1—搅拌电机；2—配料槽；3，4，5，6，7，9，11，12，14，17—球阀；
8，10，13—稳压阀；15—过滤机；16—计量箱；18—加料泵

四、实验操作要点

实验前理清流程，确保设备、管路系统完好，检查管路系统中所有阀门处于关闭状态。

（1）实验准备

① 正确装好滤板、滤框及滤布，滤布使用前用水浸湿，滤布要绷紧，不能起皱。滤布紧贴滤板，密封垫贴紧滤布。

② 开启阀 6 加水到配料槽中标尺处，关闭阀 6 确定清水体积。

③ 开启搅拌电机，均匀搅拌配料槽中清水，开启配料槽下方阀 3、上方阀 5，启动加料泵，调节阀 7，让清水循环。

④ 在配料槽内缓慢均匀加入 $CaCO_3$，配制含 $CaCO_3$ 10%～30%（质量分数）的水悬浮液，碳酸钙事先由天平称重，注意 $CaCO_3$ 均匀加入，以防结块。

⑤ 调节稳压阀，设定压力分别为 0.1MPa、0.2MPa、0.3MPa。

⑥ 调整计量箱的计量基准面，准备好计量和计时。

（2）过滤过程

① 开启阀 9 和稳压阀 8，微调阀 7 或阀 5，保持压力为 0.1MPa。

② 手动操作时，开启阀 14，滤液从汇集管流出的时候开始作为计时时刻，计量箱内液位每增加 5mm 时，记录相应的过滤时间 $\Delta\tau$。每个压力下，测量 8～10 个读数即可停止实验。若欲得到干而厚的滤饼，或欲测量最终过滤速率，则应在每个压力下做到没有滤液流出为止。

③ 自动采样时，开启阀 14，滤液从汇集管流出的时候开始作为计时时刻，启动无纸记录仪，自动记录计量箱内滤液液位高度随时间的变化曲线。确定 ΔV 与 $\Delta\tau$ 的关系。

④ 关闭阀 14，全开阀 5，卸除板框内的滤饼，清洗滤板、滤框和滤布，重新装好板框压滤机，滤饼与清水混匀后倒入配料槽内重复利用。重复上述步骤依次测定压力为

0.2MPa、0.3MPa 下 ΔV 与 $\Delta\tau$ 的关系。

⑤ 实验数据测定完毕后，加清水清洗管路、加料泵、板框压滤机和配料槽，防止加料泵内和管道内有结块。最后停泵、停搅拌器，卸开板框压滤机的滤板、滤框和滤布，观察截留在滤布上滤饼形成的情况，测量出板框的面积。

⑥ 原料残液、滤饼及滤液回收到专用贮槽中，以备再用。

⑦ 清洗板框压滤机，恢复到原始状态。

五、实验数据记录和处理

（1）数据一律记入表格中，在测取数据前准备好表格形式，其参考格式如表 6-5 所示。

表 6-5　实验原始数据记录表

装置编号：__________；实验日期：__________；操作压强：__________ MPa；

体系：__________；过滤面积：__________ m^2；滤饼体积：__________ m^3；温度：__________℃。

序号	压差 Δp/MPa	计量箱内滤液高度 h/mm	滤液体积间隔 ΔV/L	过滤时间 $\Delta\tau$/s	时间 τ/s	滤液体积 V/L
1						
2						
3						
⋮						

（2）实验数据处理步骤方法，参考前面实验原理，再结合本实验任务要求自行拟定数据处理结果表。

六、实验思考与讨论问题

（1）在本实验条件下能否测定洗涤速率？能否测定压缩性指数 s？

（2）影响过滤物料特性常数 k 的因素有哪些？过滤常数 K 与物料的特性常数 k 有何区别？

（3）本实验装置做哪些改进后，可进行先恒速后恒压或恒速过滤的研究？

（4）为什么过滤开始时滤液混浊，过一段时间才澄清？

（5）板框压滤机的操作分哪几个阶段？

实验三　流化床和旋风分离器组合实验

一、实验内容及任务

（1）了解流化床装置的基本结构、工艺流程和基本原理。

（2）掌握流体通过颗粒层时流动特性的测定方法。

（3）测定临界流化速度并绘制流化曲线。

（4）了解旋风分离器的结构和工作原理，测定它的分离效率。

二、实验原理

流态化是一种使固体颗粒通过与流体接触而转变成类似于流体状态的操作。气流自下而上地通过颗粒层，随着气流速度的不同，会出现三种不同的工况，分别是固定床阶段、流化床阶段和颗粒输送阶段。

气流通过颗粒床层的空床速度 u 较低时，颗粒空隙中气流的真实速度小于颗粒的沉降速度，床层中的颗粒保持静止不动，此时颗粒床层的高度不变，称为固定床。

气流通过颗粒床层的空床速度 u 增大到某一数值时，颗粒空隙中气流的真实速度大于颗粒的沉降速度，此时床层内较小的颗粒将松动或浮起，颗粒床层的高度有明显增大，但随着床层的膨胀，床层内孔隙率也增大，所以真实速度随后又下降，直至降到沉降速度为止。颗粒悬浮于气流中，床层有一个明显上界面，此时的颗粒床层称为流化床。

流化床的空隙率随气流空床速度的增大而增大，因此，维持流化床状态的空床速度可以有一个较宽的范围。实际流化床操作的气流速度要大于起始流化速度，又小于带出速度，而这两个临界速度一般由实验测出。

增大气流的空床速度，使其真实速度大于颗粒的沉降速度时，颗粒将被气流带出，此时床层上界面消失，这种状态称为气力输送。

流化床内的流态化按其性状的不同可分为散式流态化和聚式流态化。

散式流态化一般发生在液-固系统，从起始流态化开始膨胀直到气力输送，床内颗粒的扰动程度是平缓增加的，床层的上界面较为清晰。

聚式流态化一般发生在气-固系统，从起始流态化开始，床层的波动逐渐加剧，但其膨胀程度不大，因为气体与固体的密度差别很大，气流要将固体颗粒推起来比较困难，所以只有小部分气体在颗粒间通过，大部分气体则汇聚成气泡穿过床层，而气泡穿过床层时造成床层波动，它们在上升过程中逐渐长大和相互合并，到达床层顶部破裂而将该处的颗粒冲散，使得床层上界面起伏不定，床层内的颗粒很少分散开来各自运动，较多是聚结成团地运动，成团地被气泡推起或挤开。

聚式流化床中有两种不正常现象，它们分别是腾涌现象和沟流现象。

腾涌现象。如果床层的高度与直径的比值较大，气流速度过高时，就容易产生气泡的相互聚合，而成为大气泡，在气泡直径长大到与床径相等时，就将床层分成几段，床内物料以活塞推进的方式向上运动，在达到上部后气泡破裂，部分颗粒重新回落，这种现象叫腾涌，又称节涌。腾涌严重地降低床层的稳定性，使气-固之间的接触状况恶化，并使床层受到冲击，发生震动，损坏内部构件，加剧颗粒的磨损与带出。

沟流现象。在大直径床层中，由于颗粒堆积不均匀或气体初始分布不良，可在床内局部地方形成沟流。此时，大量气体经过局部地区的通道上升，而床层的其余部分仍处于固定床阶段而未被流化。显然，当发生沟流现象时，气体不能与全部颗粒良好接触，将使工艺过程严重恶化。

气体自下而上通过流化床中固体颗粒层时，在气流速度由小增大的过程中，颗粒层的高度、压降将发生阶段变化。本实验主要研究床层内固体颗粒由不发生相对位移到悬浮气流中运动的规律，最后以 u（气流速度）和 Δp（压降）来加以表示，如图 6-8 所示。

床层一旦流化，全部颗粒处于悬浮状态。选取床层为控制体，忽略流体与容器壁面间的摩擦力，由于流化床中颗粒总量保持不变，故压降 Δp 恒定不变，与流体速度无关，在图中可用一水平线表示，如 CD 段。

图中 AB 段为固定床阶段，由于流体在此阶段流速较低，通常处于层流状态。图中 CF 段表示从流化床回复到固定床时的压降变化关系，由于颗粒由上升流体中落下所形成的床层

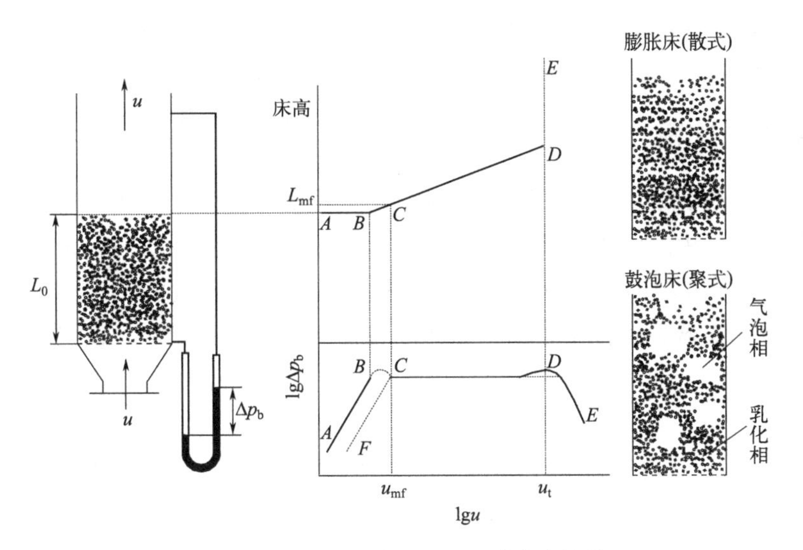

图 6-8　流态化过程床层压降及床高变化关系

较人工装填的疏松一些，因而压差也小一些，故 CF 段处于 AB 段的下方。

图中 DE 段向下倾斜，表示此时由于某些颗粒开始被上升气流所带走，床内颗粒量减少，平衡颗粒重力所需的压力自然不断下降，直至颗粒全部被带走。

根据流化床恒定压降的特点，在流化床操作时可以通过测量床层压降来判断床层流化的优劣。如果床内出现腾涌，压降将有大幅度的起伏波动；若床内发生沟流，则压降较正常时低。

旋风分离器是利用离心沉降原理实现气-固两相分离的化工单元操作设备。其特点是设备静止不动，流体在设备内旋转。当含尘气体由进气管从切线方向进入分离器，在离心力的作用下，尘粒产生较重力大得多的径向沉降速度，从而使尘粒与气体分离。对于一定结构的分离器，其分离效率与气体进入分离器的流速、颗粒大小等因素有关。

本实验着重研究不同气速对旋风分离器效率的影响，以及不同气速下，气流经分离器而产生的压降大小。

分离效率可采用单位时间内加入的粉尘量与经旋风分离器收集的粉尘量之比表示，即

$$\eta=\frac{G_1-G_2}{G_1}\times 100\% \tag{6-30}$$

另一种方法则以每千克质量气体中所含粉尘的质量所表示的进气、出气状态计算，即

$$\eta=\frac{C_1-C_2}{C_1}\times 100\% \tag{6-31}$$

式中，η 为旋风分离器的总分离效率；G_1、G_2 分别为进入和输出的粉尘量，kg；C_1、C_2 分别为进入和输出气体中粉尘与空气的质量比。

以上实验项目运用同一气源，且均用相似的方法测定气体流量及压降，故将其组合为一个工程实验项目。

空气流量采用文丘里流量计测定。其体积流量 q_v 为

$$q_v=C_vA_0\sqrt{\frac{2\Delta p}{\rho}} \tag{6-32}$$

式中，q_v 为空气的体积流量，m^3/s；C_v 为文丘里流量计的流量系数；A_0 为文丘里流量计的孔截面积，m^2；Δp 为文丘里孔口两侧的压降，Pa；ρ 为空气的密度，kg/m^3。

三、实验装置和流程

（1）流化床实验装置。空气由风机输送，经文丘里流量计、空气预热器后从流化床底部进入分布板，床层中的固体颗粒在一定的空床流速下处于流化状态，床层压降通过差压变送器测定。为防止空气将一部分固体原料带走，在空气的出口设置一旋风分离器，经分离后的空气从旋风分离器顶端排出，细小固体颗粒又回收到流化床内。该实验装置示意图如图 6-9(a) 所示。

（2）设备及仪表

① 流化床：下节是内径为 ϕ315mm、高度为 800mm 的不锈钢筒体（带气体分布板），上节是内径为 ϕ450mm、高度为 1000mm 的不锈钢筒体。

② 其他设备：风机、空气预热器和旋风分离器。

③ 仪表：温度传感器、差压变送器、文丘里流量计。

④ 控制柜：温度控制器、一体机（触摸显示屏）、设备和仪表控制模块。其控制面板如图 6-9(b)。

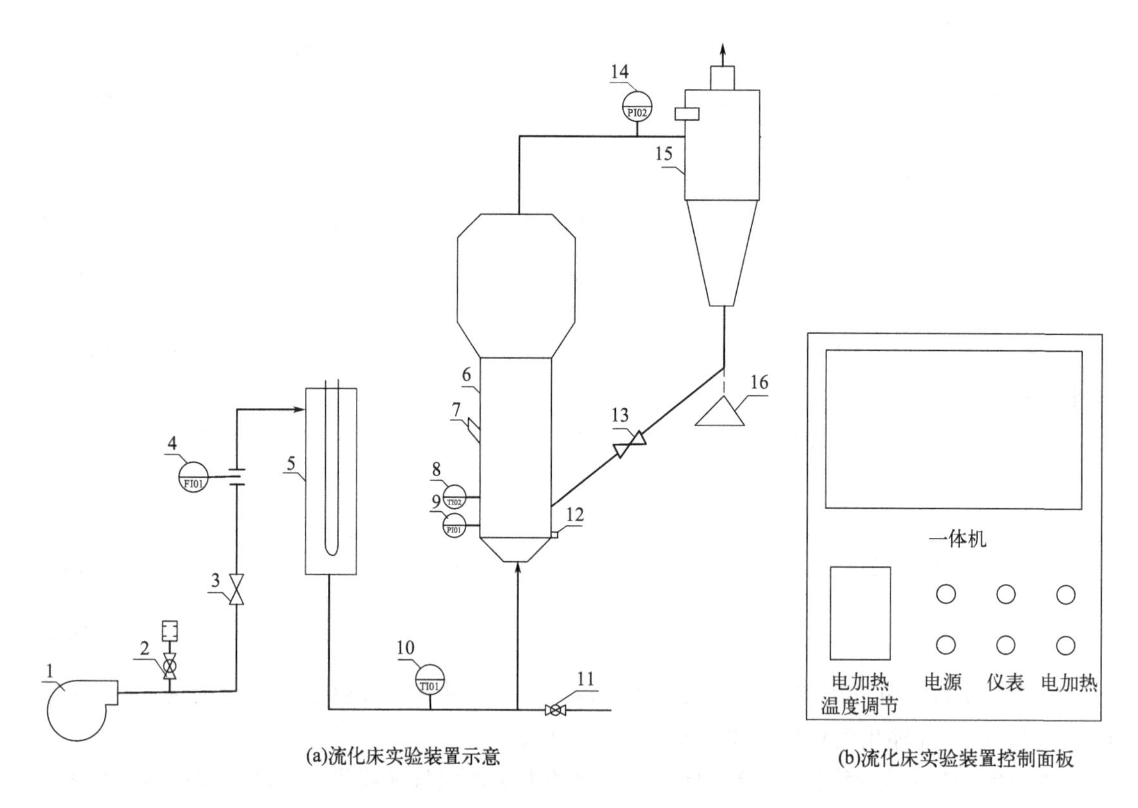

图 6-9　流化床实验装置示意及控制面板

1—风机；2，11—排空阀；3—调节阀；4—文丘里流量计；5—空气预热器；6—流化床；，7—加料口；
8，10—温度传感器；9，14—差压变送器；12—出料口；
13—蝶阀；15—旋风分离器；16—收集袋

四、实验操作要点

（1）实验前的准备

① 按流化床实验装置示意图检查设备、熟悉设备结构。

② 检查并开启风机的冷却水，排空阀 2 调到合理位置，启动风机。

（2）实验操作

① 启动总电源、仪表电源，检查仪表处于正常工作状态。

② 加固体颗粒物料，用木棍轻敲床壁，使固体颗粒填充较紧密，确定静床高度。

③ 通过调节阀调节空气流量，由小到大改变气量。注意不要把床层内的固体颗粒带出，记录风量、床层压降及床层高度，观察床层流化现象。

④ 通过调节阀调节空气流量，由大到小改变气量。注意操作要平稳细致，每次测定时，须稳定 2～3 分钟后读取数据，记录风量、床层压降及床层高度。

⑤ 关闭调节阀，测定静床高度，比较两次静床高度的变化。

⑥ 实验中需注意，在临界流化点前必须保证有 6 组以上实验数据，且在临界流化点附近多测几组数据。

⑦ 测定旋风分离器特性时，启动风机前，关闭蝶阀 13，装上收集袋 16。准备一定质量的轻质 $CaCO_3$ 粉，然后等分为 5 份，开启调节阀 3，分别控制 5 种进气速度，记录进气量，依次加入 1 份 $CaCO_3$ 粉，注意保持大体相同的粉尘浓度 C_1。投粉时应概算每次投粉时间。在旋风分离器下部依次取出收集的粉尘量 G_2。

⑧ 实验进行完毕后依次关闭电闸停鼓风机，然后依次关闭仪表和总电源，检查并关闭有关阀门。

⑨ 整理好实验装置并恢复到起始状态。

五、实验数据记录和处理

（1）流化床实验数据一律记入表格中，在测取数据前准备好记录表格，其参考格式如表 6-6 所示。

表 6-6　实验原始数据记录和处理表

装置编号：__________；实验日期：__________；实验介质：__________；

流化床直径：__________mm；初始床层高度：__________mm；室温：__________℃。

序号	空气流量 $q_v/(m^3/h)$	床层压差 $\Delta p/kPa$	床层高度 L/mm	单位床层压降 $\Delta p/L/(kPa/m)$	空床气速 $u/(m/s)$	备注
1						
2						
3						
⋮						

根据实验数据绘制 u 与 $\Delta p/L$ 的关系曲线。

（2）旋风分离器性能测试的实验数据记录参考前面实验原理，再结合本实验任务要求自行拟定数据记录和处理结果表。计算旋风分离器的总分离效率。

六、实验思考与讨论问题

(1) 由小到大改变流量与由大到小改变流量测定的流化曲线是否重合？为什么？

(2) 流化床底部的气体分布板的作用是什么？

(3) 什么是临界流化速度 u_{mf}？它受哪些因素的影响？

(4) 流化床的主要特性有哪些？

(5) 旋风分离器分离效率的影响因素是什么？对一定的物系，要提高分离效率应当采取何种措施？

实验四　冷空气-蒸汽的对流传热实验

一、实验内容及任务

(1) 了解套管换热器的结构及操作。

(2) 测定冷空气-蒸汽在套管换热器中的总传热系数 K。

(3) 测定冷空气在普通管内的给热系数，确定 Nu、Re 和 Pr 之间的关系。

(4) 测定冷空气在螺纹管内的给热系数，确定 Nu、Re 和 Pr 之间的关系。

(5) 掌握热电阻或热电偶的测温方法，观察蒸汽在水平管外壁上的冷凝现象。

(6) 比较普通管、螺纹管、列管三种换热器，了解强化传热操作的工程途径。

(7) 掌握用特征数方程处理实验数据的方法。

(8) 熟悉涡轮或涡街流量计、温度和压力等的化工测试仪表的使用。

二、实验原理

传热过程是化工生产过程中重要的单元操作之一，化工生产中常常需要将热量加入或移出系统，为了提高能量利用率，在系统的热、冷流体之间常采用间壁式换热装置进行热量交换，实现物料的加热或冷却。热量的传递过程不仅与操作条件、物流的性质和流动状态有关，而且与传热设备的形式、传热面的特性有关。为了合理、经济地选用或设计一台换热器，必须了解换热器的换热性能，而通过实验测定换热器的传热系数，掌握影响其性能的主要因素，是了解换热器性能的重要途径之一。

在套管换热器中，管程通空气，壳程通蒸汽，蒸汽冷凝放热通过管壁面加热空气。传热过程经历了蒸汽对管程外壁面的对流传热、间壁的固体热传导和内壁面对冷空气的对流传热三种传热过程。在传热过程稳定后

$$Q=KA\Delta t_m=h_iA_i\Delta t_{mi}=h_oA_o\Delta t_{mo} \tag{6-33}$$

$$\Delta t_{mo}=\frac{(T_1-T_{w1})-(T_2-T_{w2})}{\ln\dfrac{T_1-T_{w1}}{T_2-T_{w2}}} \tag{6-34}$$

$$\Delta t_{mi}=\frac{(t_{w1}-t_1)-(t_{w2}-t_2)}{\ln\dfrac{t_{w1}-t_1}{t_{w2}-t_2}} \tag{6-35}$$

$$\Delta t_m=\frac{(T_1-t_1)-(T_2-t_2)}{\ln\frac{T_1-t_1}{T_2-t_2}} \tag{6-36}$$

$$Q=q_v\rho c_p(t_2-t_1) \tag{6-37}$$

式中，Q 为单位时间内的传热量，W；A 为冷空气、蒸汽间的传热面积，m^2，$A=\pi dl$，d、l 分别是换热器管程的直径和长度，m；A_i、A_o 为内管的内壁、外壁的传热面积，m^2；Δt_m 为冷空气与蒸汽的对数平均温差，℃或 K；Δt_{mi}为冷空气与管内壁面的对数平均温差，℃或 K；Δt_{mo}为蒸汽与管外壁面的对数平均温差，℃或 K；K 为总传热系数，$W/(m^2\cdot K)$；h_o、h_i 分别为蒸汽、空气的给热系数，$W/(m^2\cdot K)$；q_v 为冷空气流量，m^3/s；ρ 是冷空气的密度，kg/m^3；c_p 为比热容，$J/(kg\cdot K)$；T_1、T_2 为换热器壳程蒸汽进、出口的温度，℃；T_{w1}、T_{w2}为管程外壁面进、出口壁面温度，℃；t_{w1}、t_{w2}为管程内壁面进、出口壁面温度，℃；t_1、t_2 分别是冷空气进、出换热器的温度，℃。

当内管材料导热性能很好，且管壁很薄时，可认为 $T_{w1}=t_{w1}$、$T_{w2}=t_{w2}$。

实验通过测量冷空气流量 q_v、冷空气进出换热器的温度 t_1 和 t_2、蒸汽在换热器内壳程的进出口的温度 T_1 和 T_2、壁面温度 T_{w1}和 T_{w2}，即可测定 K、h_i、h_o。

蒸汽与冷空气的传热过程由蒸汽对内管外壁面的对流传热、间壁的固体热传导和内壁面对冷空气的对流传热三种传热组成，其总热阻为

$$\frac{1}{K}=\frac{1}{h_i}+\frac{bd_i}{\lambda d_m}+\frac{d_i}{h_od_o} \tag{6-38}$$

式中，d_i、d_m、d_o 分别是内管的内径、内外径的平均值、外径，m；b 为内管的壁厚，m；λ 为内管材质的热导率，$W/(m\cdot ℃)$。

在蒸汽走壳程、冷空气走管程的套管换热器中，由于蒸汽的给热系数 h_o 较大，$d_i/(h_od_o)$ 较小；λ 较大，$bd_i/(\lambda d_m)$ 较小。此时式(6-38) 中 $d_i/(h_od_o)$、$bd_i/(\lambda d_m)$ 可忽略，即

$$h_i\approx K \tag{6-39}$$

式(6-39) 表明了整个传热过程为冷流体空气侧的传热步骤控制。

流体在圆形直管中对流传热时，影响对流给热系数的因素包含流体流速（u)、圆管壁面的特征尺寸（d_i)、流体的物理性质（密度 ρ、黏度 μ、热导率 λ_1、比热容 c_p）及自然对流的升力（$\beta g\Delta t$)，其表达式描述为

$$h=f(u,d_i,\mu,\rho,\lambda_1,c_p,\beta g\Delta t) \tag{6-40}$$

运用量纲分析法可知，流体与管壁面传热时对流传热系数的特征数关联式可表示为

$$Nu=C'Re^mPr^nGr^{n_1} \tag{6-41}$$

式中，Nu 为努塞尔（Nusselt）数，$Nu=\frac{h_id_i}{\lambda_1}$，描述对流给热系数的大小；$Re$ 为雷诺（Reynolds）数，$Re=\frac{d_iu\rho}{\mu}$，表征流体流动状态；Pr 为普朗特（Prandtl）数，$Pr=\frac{c_p\mu}{\lambda_1}$，表征流体物性的影响；$Gr$ 为格拉晓夫（Grashof）数，$Gr=\frac{d_i^3\rho^2\beta g\Delta t}{\mu^2}$，描述自然对流的影响；$\rho$ 为冷空气密度，kg/m^3；u 为冷空气在内管内的流速，m/s；λ_1 为冷空气的热导率，$W/(m\cdot ℃)$。

当流体强制对流，无相变时，自然对流的影响可忽略，式(6-41) 可变为

$$Nu=CRe^{m}Pr^{n} \tag{6-42}$$

对冷空气而言，因流体被加热，$n=0.4$，则式(6-42) 可简化为

$$\frac{Nu}{Pr^{0.4}}=CRe^{m} \tag{6-43}$$

实验中改变冷空气的流量，冷空气和蒸汽两流体间的热平衡将发生变化，与之相应的三个特征数 Re、Nu 和 Pr 也随之改变，在双对数坐标下 $\frac{Nu}{Pr^{0.4}}$ 与 Re 的关系是一直线，如图 6-10 所示。拟合出此直线方程，即为 Nu、Pr 和 Re 的特征数方程，其形式为式(6-43)。

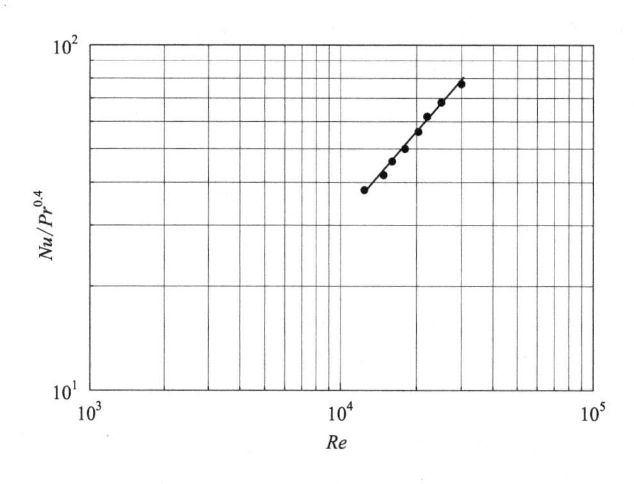

图 6-10 *Re*、*Pr* 与 *Nu* 关系曲线

流体在圆形直管内强制对流，无相变时，对低黏度流体，则有

$$Nu=0.023Re^{0.8}Pr^{0.4} \tag{6-44}$$

应用范围：$Re>10000$；$0.7<Pr<120$；$l/d>60$。

定性温度：取流体进、出口温度的算术平均值。

特征尺寸：取管内径 d_i。

蒸汽在水平单管及水平管束外冷凝，冷凝液受重力作用沿管壁周向向下流动并脱离管壁，液膜越往下越厚，其蒸汽冷凝给热系数为

$$h_o=0.725\left(\frac{g\rho^2\lambda_2^3 r}{d_o\mu\Delta t}\right)^{1/4} \tag{6-45}$$

式中，λ_2 为冷凝液的热导率，W/(m·℃)；g 为重力加速度，m/s^2；μ 为冷凝液的黏度，Pa·s；ρ 为冷凝液的密度，kg/m^3；r 为饱和蒸汽的冷凝潜热，J/kg；d_o 为管外径，m；Δt 为蒸汽的饱和温度和壁温之差，℃。

三、实验装置和流程

(1) 传热实验装置流程。实验物系：热流体为蒸汽，冷流体为空气。

冷空气通过风机进入换热器管程，蒸汽发生器内通过电加热使水汽化产生蒸汽，蒸汽进入换热器内的壳程，加热管程内的冷空气，蒸汽和冷空气通过换热器管程壁面进行热量交换。其实验装置控制面板如图 6-11(a) 所示，示意图如图 6-11(b) 所示。

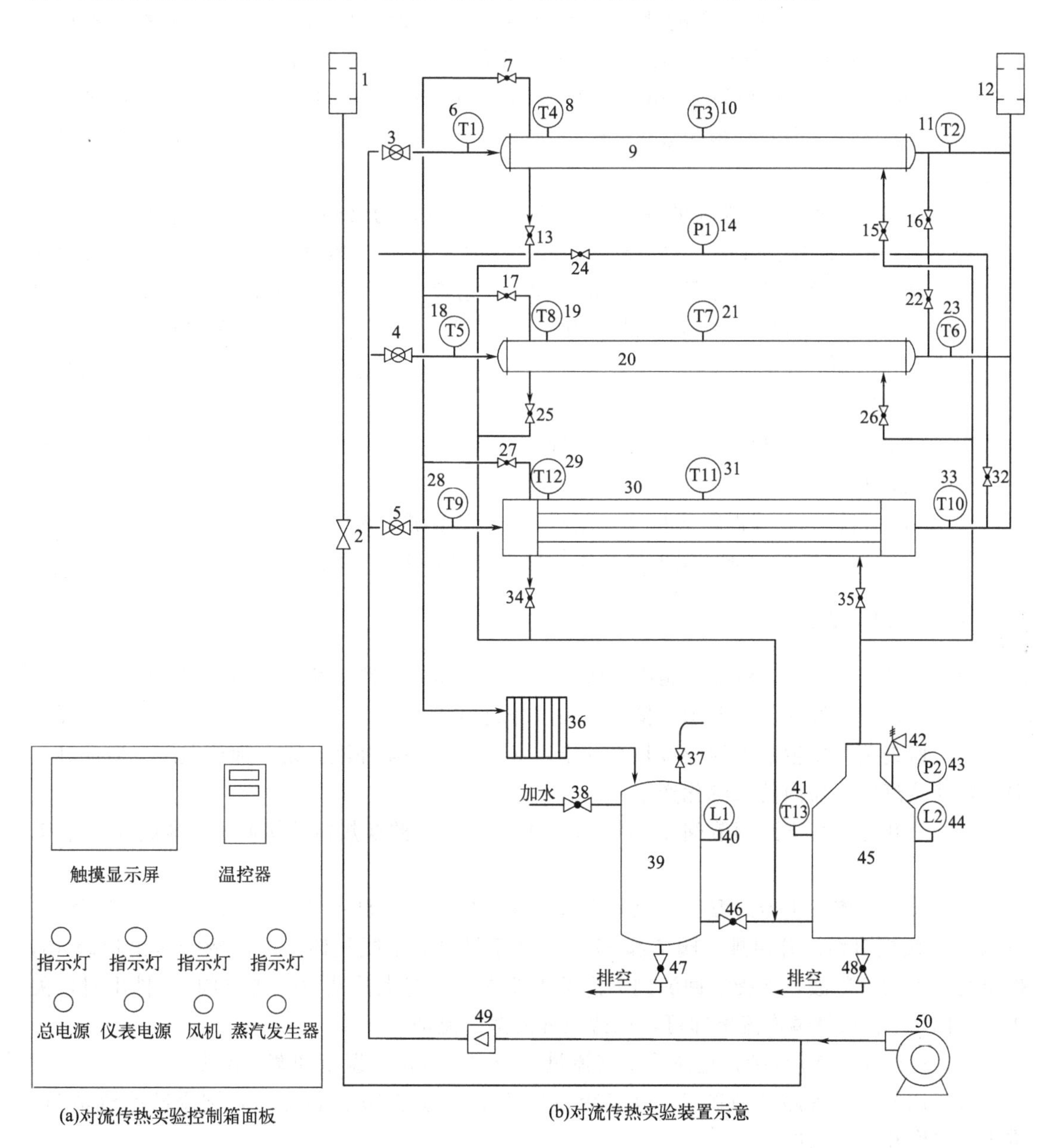

(a)对流传热实验控制箱面板

(b)对流传热实验装置示意

图 6-11　对流传热实验的控制箱面板和实验装置示意

1，12—消声器；2—调节阀；3，4，5—切换阀；6，18，28—空气进口温度；7，17，27，37—不凝气排空阀；8，19，29—蒸汽出口温度；9—a 换热器（普通或螺纹）；10，21—管程壁面温度；11，23，33—空气出口温度；13，25，34—冷凝液出口阀；14—差压变送器；15，26，35—蒸汽进口阀；16，22，24，32—测压切换阀；20—b 换热器（螺纹或普通）；30—c 换热器（列管）；31—蒸汽温度；36—翅片换热器；38—进水阀；39—缓冲罐；40，44—液位计；41—蒸汽温度；42—安全阀；43—压力传感器；45—蒸汽发生器；46—球阀；47，48—排液阀；49—涡街流量计；50—风机

（2）设备及仪表

① 风机：HG1-5 型流量 $210m^3/h$，200mbar(1mbar=100Pa)。

② 蒸汽发生器：电加器 3kW。

③ $1^{\#}$～$2^{\#}$ 传热实验装置的普通套管换热器：壳程为 ϕ56mm×3mm 钢管，管程为 ϕ30mm×2.5mm 铜管、管长 l=1.3m；$3^{\#}$～$6^{\#}$ 传热实验装置的普通套管换热器：壳程为 ϕ56mm×3mm 钢管，管程为 ϕ25mm×2.5mm 铜管、管长 l=1.3m；$7^{\#}$～$12^{\#}$ 传热实验装置的普通套管换热器：壳程为 ϕ56mm×3mm 钢管，管程为 ϕ25mm×2.5mm 铜管、管长 l=1.2m。

④ $1^{\#}$～$2^{\#}$ 传热实验装置的螺纹套管换热器：壳程为 ϕ56mm×3mm 钢管，管程为 ϕ30mm×2.5mm 铜管、管长 l=1.3m、内螺纹深度为 1mm、螺距为 3mm；$3^{\#}$～$6^{\#}$ 传热实验装置的螺纹套管换热器：壳程为 ϕ56mm×3mm 钢管，管程为 ϕ25mm×2.5mm 铜管、管长 l=1.3m、内螺纹深度为 1mm、螺距为 3mm；$7^{\#}$～$12^{\#}$ 传热实验装置的螺纹套管换热器：壳程为 ϕ56mm×3mm 钢管，管程为 ϕ30mm×2.5mm 铜管、管长 l=1.2m、内螺纹深度为 1mm、螺距为 3mm。

⑤ 列管换热器：壳程为 ϕ200mm×2.5mm 钢管，管程为 ϕ15mm×2.5mm 铜管、管长 l=1.2m、根数 n=9。

⑥ 仪表：气体涡轮或涡街流量计、差压变送器、温度传感器（Pt100）。

⑦ 控制箱：触摸显示屏、温度控制器、仪表和设备控制模块。

四、实验操作要点

（1）熟悉装置流程，清楚管路中各阀门的作用，检查管路上所有阀门处于关闭状态。

（2）启动总电源和仪表电源，检查仪表工作是否正常。

（3）检查蒸汽发生器内的液位是否到指定液位，不够需补液。设定加热温度，启动其电源加热使蒸汽发生器内的水汽化产生蒸汽。

（4）全开冷空气支路调节阀 2，选择 a 换热器，全开此换热器的切换阀（球阀 3），启动风机。

（5）观察蒸汽发生器的温度变化，当蒸汽发生器内温度显示升到 100℃时，开启蒸汽进口阀 15，缓慢升温。开启排空阀 7 和 37，排除壳程中的不凝气体。开启冷凝液出口阀 13，排出壳程中的冷凝液，冷凝液回流到蒸汽发生器内。当有大量蒸汽从排空阀 37 排出时，关小排空阀 7，有微量蒸汽流出即可，保持壳程内蒸汽流动。

（6）稳定 10～15 分钟，记录冷空气流量、冷空气进出口温度和蒸汽温度。

（7）调节空气支路调节阀 2，改变冷空气流量，稳定 10 分钟左右，记录冷空气流量、进出口温度和蒸汽温度。

（8）重复操作以上第（7）实验步骤 8～10 次，流量从小到大，合理分配空气流量，完成 a 换热器的实验数据采集。

（9）选择 b 换热器时，关闭排空阀 7、冷凝液出口阀 13 和蒸汽进口阀 15，当壳程温度下降到 80℃以下，全开 b 换热器切换阀（球阀 4），再关闭 a 换热器切换阀（球阀 3）、全开冷空气支路调节阀（闸阀 2）。

（10）开启蒸汽进口阀 26，开启排空阀 17，排除壳程中的不凝气体。开启冷凝液出口阀 25，缓慢升温，当有大量蒸汽从排空阀 37 排出时，关小排空阀 17，有微量蒸汽流出即可，保持壳程内蒸汽流动。

（11）重复操作以上第（6）、（7）、（8）实验步骤，完成 b 换热器的实验数据采集。

（12）实验数据采集完成，经指导教师同意实验结束后，关闭蒸汽发生器的电加热器的电源，停止产生蒸汽，壳程温度下降到 80℃以下，检查冷凝液全部回到蒸汽发生器后，关闭蒸汽进口阀 26、排空阀 17 和冷凝液出口阀 25，依次关闭风机电源、仪表电源和总电源，检查所有阀门处于关闭状态。

列管换热器的操作要点参照 b 换热器的操作要点自行拟定。

安全注意事项：

① 随时观察蒸汽发生器液位，避免干烧，损坏电加热器。若其液位降到警示线，应立即停止电加热，补充水后再做实验。

② 观察换热器壳程蒸汽冷凝现象，控制好温度，保持蒸汽发生器内的蒸汽温度恒定。

③ 注意用电安全。

④ 戴好防护用品，如防护眼镜和手套，避免烫伤。

五、实验数据记录和处理

（1）a 换热器的实验数据记录参考表如表 6-7 所示。

表 6-7 传热实验数据记录参考表

装置编号：__________；实验日期：__________；室温：__________℃；

换热器形式：__________；换热管材质：__________；换热管内径：__________ mm；

换热管有效长度：__________ m；换热管壁厚：__________ mm。

序号	冷空气流量 q_v/(m³/h)	冷空气进口温度 t_1/℃	冷空气出口温度 t_2/℃	蒸汽温度 T/℃	备注
1					
2					
3					
⋮					
10					

（2）a 换热器的数据处理参考表如表 6-8 所示。

表 6-8 传热实验数据处理参考表

序号	空气流量 q_v/(m³/h)	定性温度 t_m/℃	传热面积 A/m²	对数平均温差 Δt_m/℃	传热速率 Q/W	传热系数 K/[W/(m²·℃)]	Nu	Re
1								
2								
3								
⋮								
10								

（3）其余不同换热器的数据记录表和数据处理表参考上述表格自行拟定。

六、实验思考与讨论问题

（1）分析影响传热系数及给热系数的因素。

（2）采取何种措施可提高 K 和 h_i 值？

（3）t_m、Δt_m 的物理意义是什么？如何确定？

（4）实验中管壁温度应接近哪一侧温度？为什么？

（5）实验过程中，壳程的不凝气体是否需要排除？若不及时排除，对实验结果有无影响？为什么？

实验五　热空气-水对流传热实验

一、实验内容及任务

（1）测定热空气-水在套管换热器中的总传热系数 K。

（2）测定热空气在光滑套管内的给热系数。

（3）测定不同热空气流量时，Nu 与 Re 之间的关系曲线。

（4）比较热空气在垢层套管内和光滑管内的传热性能。

（5）熟悉温度、流量等的化工测试仪表的使用。

二、实验原理

（1）热空气-水系统的传热速率方程为

$$Q = KA\Delta t_m \tag{6-46}$$

$$\Delta t_m = \frac{(T_1 - t_1) - (T_2 - t_2)}{\ln \dfrac{T_1 - t_1}{T_2 - t_2}} \tag{6-47}$$

$$Q = q_v \rho c_p (T_1 - T_2) \tag{6-48}$$

式中，Q 为单位时间内的传热量，W；A 为热空气、水间的传热面积，m^2，$A=\pi dl$，d、l 分别是换热器内管的内直径和换热器的长度，m；Δt_m 为热空气与水的平均温差，℃或 K；K 为总传热系数，$W/(m^2 \cdot K)$；q_v 为热空气流量，m^3/s；ρ 是热空气的密度，kg/m^3；c_p 为比热容，$J/(kg \cdot K)$；T_1、T_2 为换热器管程热空气的进、出口温度，℃；t_1、t_2 是水进、出换热器的温度，℃。

实验通过测量热空气流量 q_v、热空气进出换热器的温度 T_1 和 T_2、水在换热器内的进出口温度 t_1 和 t_2，即可测定 K。

（2）水与热空气的传热过程由热空气对壁面的对流传热、间壁的固体热传导和壁面对水的对流传热三种传热组成，其总热阻为

$$\frac{1}{K} = \frac{1}{h_i} + \frac{bd_i}{\lambda d_m} + \frac{d_i}{h_o d_o} \tag{6-49}$$

式中，d_i、d_m、d_o 分别是内管的内径、内外径的平均值、外径，m；b 为内管的壁厚，m；λ 为内管材质的热导率，$W/(m \cdot ℃)$。

在水走壳程、冷空气走管程的夹套换热器中，由于水的给热系数 h_o 较大，$d_i/(h_o d_o)$ 较小；λ 较大，$bd_i/(\lambda d_m)$ 较小。此时式(6-49) 中 $d_i/(h_o d_o)$、$bd_i/(\lambda d_m)$ 可忽略，即

$$h_i \approx K \tag{6-50}$$

(3) 流体在圆形直管中强制对流时对管壁的给热系数关联式为

$$Nu = C'Re^m Pr^n \tag{6-51}$$

式中，Nu 为努塞尔数；Re 为雷诺数；Pr 为普朗特（Prandtl）数。

对热空气而言，在较大温度范围内 Pr 数基本不变，取 $Pr=0.7$，因流体被冷却，$n=0.3$，即 Pr 可视为常数，则式(6-51)可简化为

$$Nu = CRe^m \tag{6-52}$$

式中，$C=C'Pr^n$。

实验中改变热空气的流量，热空气和水两流体间的热平衡将发生变化，与之相应的两个特征数 Re、Nu 也随之改变，进而可在双对数坐标下作出 Re 与 Nu 的关系是一直线，如图 6-12 所示。拟合出此直线方程，即为 Nu 和 Re 的特征数方程，其形式为式(6-52)。

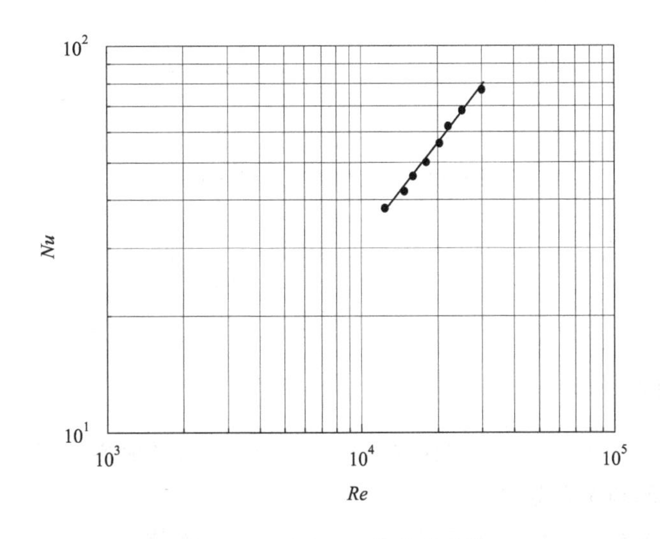

图 6-12 *Re* 与 *Nu* 的关系曲线

流体在圆形直管内强制对流，无相变时，对低黏度流体，则有

$$Nu = 0.023Re^{0.8} Pr^{0.4} \tag{6-53}$$

应用范围：$Re>10000$；$0.7<Pr<120$；$l/d>60$。

定性温度：取流体进、出口温度的算术平均值。

特征尺寸：取管内径 d_i。

三、实验装置和流程

(1) 传热实验流程。空气通过电加热器进入套管换热器管程，水通过泵进入换热器内的壳程冷却套管换热器管程内的热空气，水和热空气通过套管换热器内管壁进行热量交换。其对流传热实验装置示意图如图 6-13 所示。

(2) 设备及仪表

① 设备：风机、泵、空气预热器、光滑套管换热器、垢层套管换热器、水箱。

② 仪表：液体涡轮流量计、孔板流量计、差压变送器、温度传感器。

③ 控制箱：温度控制器、无纸记录仪、设备仪表传感模块。

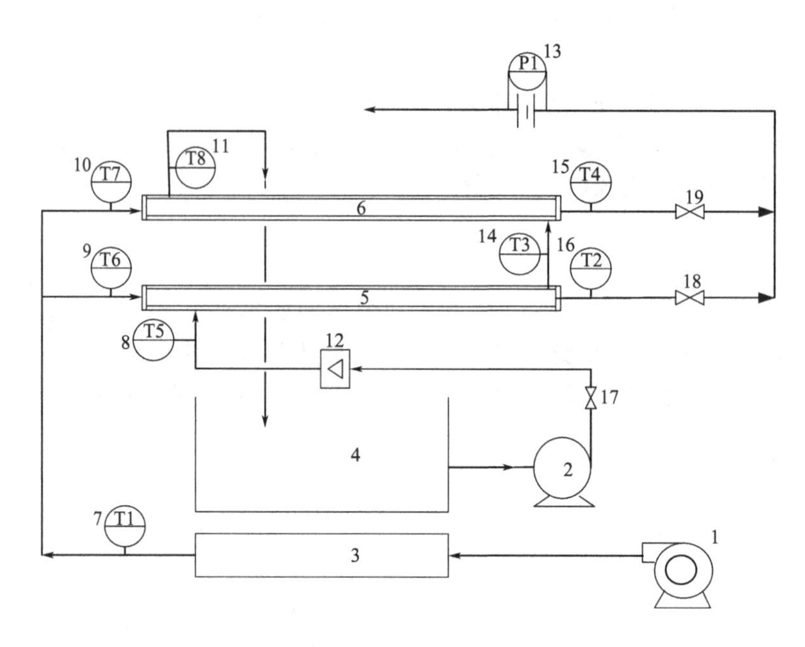

图 6-13 对流传热实验装置示意

1—风机；2—离心泵；3—空气预热器；4—水箱；5—1# 换热器；6—2# 换热器；7，8，9，10，11，14，15，16—温度传感器；12—涡轮流量计；13—孔板流量计；17，18，19—闸阀

四、实验操作要点

(1) 熟悉传热实验流程，会使用仪表，检查设备，做好实验操作准备。

(2) 启动总电源和仪表电源。

(3) 检查水箱的水液位是否到指定液位，如未到指定液位，需加水。

(4) 选择 1# 换热器，全开此换热器的空气调节阀（闸阀 1）。启动风机，空气进入空气预热器后才能启动电加热器加热冷空气，使冷空气变成热空气进入换热器管程。观察热空气的进口温度升到 50℃后，启动水泵，全开其出口阀 17，让冷却水进入换热器壳程。

(5) 当热空气进口温度上升到设定温度时，观察热空气的进口温度在 3～5 分钟内变化不超过 1℃，记录孔板流量计压差以便计算热空气流量、热空气进出口温度和冷却水的进出口温度。

(6) 调节热空气调节阀（逐渐关闭闸阀 1），改变热空气流量，稳定 10～15 分钟后，记录孔板流量计压差以便计算热空气流量、热空气进出口温度和冷却水的进出口温度。

(7) 重复以上 (6) 实验步骤 8～10 次，分配好热空气流量，完成此换热器的测定。

(8) 全开热空气调节阀（闸阀 2），选择另一个 2# 换热器，关闭已做完实验换热器的热空气调节阀（闸阀 1）。

(9) 重复以上 (6)、(7)、(8) 实验步骤完成此换热器的测定。注意此时热空气调节阀是闸阀 2 而不是闸阀 1。

(10) 实验完毕后，依次关闭电加热器、水泵、仪表和总电源，恢复到起始状态，经教师检查后才能离开。

安全注意事项：

① 随时检查泵的声音是否正常，如异常，关闭泵的电源。

② 必须先开空气调节阀，再开空气预热器，避免空气预热器内的电加热器干烧。

③ 注意用电安全。

④ 换热器的温度较高，注意避免烫伤。

五、实验数据记录和处理

（1）1# 换热器的实验数据记录参考表如表 6-9 所示。

表 6-9　传热实验数据记录参考表

装置编号：__________；实验日期：__________；室温：__________℃；

换热器形式：__________；换热管材质：__________；换热管内径：__________ mm；

换热管有效长度：__________ m；换热管壁厚：__________ mm；

孔板流量计校正公式：______________________________。

序号	孔板流量计压差 Δp/Pa	热空气进口温度 T_1/℃	热空气出口温度 T_2/℃	水进口温度 t_1/℃	水出口温度 t_2/℃
1					
2					
3					
⋮					
10					

（2）1# 换热器的数据处理参考表格如表 6-10 所示。

表 6-10　传热实验数据处理参考表

序号	空气流量 q_v/(m³/h)	定性温度 t_m/℃	传热面积 A/m²	平均温差 Δt_m/℃	传热速率 Q/W	传热系数 K/[W/(m²·℃)]	Nu	Re
1								
2								
⋮								
10								

（3）其余不同换热器的数据记录表和数据处理表参考上述表格自行拟定。

六、实验思考与讨论问题

（1）分析影响传热系数及给热系数的因素。

（2）采取何种措施可提高 K 和 h_1 值？

（3）t_m、Δt_m 的物理意义是什么？如何确定？

（4）根据实验结果，如何确定垢层热阻？

（5）实验过程中，如何判定系统已经稳定，读取并记录实验数据？

（6）实验拟合的特征数方程式与经典特征数方程式是否吻合？请进行比较讨论。

实验六　平板边界层实验

一、实验内容及任务

（1）掌握流体边界层的概念。

（2）测定空气流经平板时边界层内的气流速度分布。

（3）测定空气流经平板时边界层内的气流温度分布。

（4）了解温度传感器、差压变送器、数字千分尺等仪表的使用。

二、实验原理

当气流以流速 u_0 均匀流过平板时，其壁面将黏附一层滞止不动的流体，即气流紧贴平板表面且流速为零。由于黏性的作用，紧贴平板壁面的气流将使与其相邻的气流层减速，这种现象称为流体的内摩擦。受内摩擦影响而产生速度梯度的区域称为边界层。气流离开平板壁面的距离越远，受壁面的影响越小，内摩擦作用也越小，在流动法线方向某一点的气流速度等于 $0.99u_0$ 时，即气流流动基本不受固体壁面影响，定义此点到平板壁面的距离 δ 为气流边界层厚度。

在不可压气流场中，每一点处的总压 p 为该点的静压 p_0 和动压 $\frac{1}{2}\rho u^2$ 之和，即 $p=p_0+\frac{1}{2}\rho u^2$，则

$$u=\sqrt{\frac{2(p-p_0)}{\rho}} \tag{6-54}$$

依据式(6-54)，只要测定气流边界层内某点的总压和静压，就可确定该点的速度。由于在垂直平板方向上的静压梯度为零，所以在平板壁面处测定的静压为该点平板法线方向上各点的静压 p_0。实验采用差压变送器测定沿平板法线方向上各点总压 p 与平板壁面的静压 p_0 之间的压差 Δp 确定气流边界层内某点的速度。即

$$u=\sqrt{\frac{2\Delta p}{\rho}} \tag{6-55}$$

式中，ρ 为空气密度，kg/m^3；p 为各测点的总压，Pa；p_0 为各测点的静压，Pa；u 为各测点的速度，m/s；Δp 为各测点的总压与静压之差，Pa。

气流沿平板壁法线方向上的速度分布如图 6-14 所示。

当气流与其流经固体壁面的温度不同时，在壁面附近不仅存在有速度梯度的流动边界层，还存在着有温度梯度的区域，该区域称为热边界层或温度边界层。气流通过温度边界层与壁面进行热量传递。

平板上热边界层的形成和发展完全类似于流动边界层的情况。假设气流进入平板上的均匀温度为 T_0，平板壁温度 T_w 低于气流温度 T_0，气流通过平板向外放热，受此影响平板上气流温度改变从平板壁处开始，随着流动和传热的进行，热边界层厚度逐渐增厚，传热的热阻增大，最后达到稳定的热阻值。

当气流流过与其温度不同的固体表面时，壁面上形成温度边界层，气流在壁面处被冷却，其温度分布如图 6-15 所示。

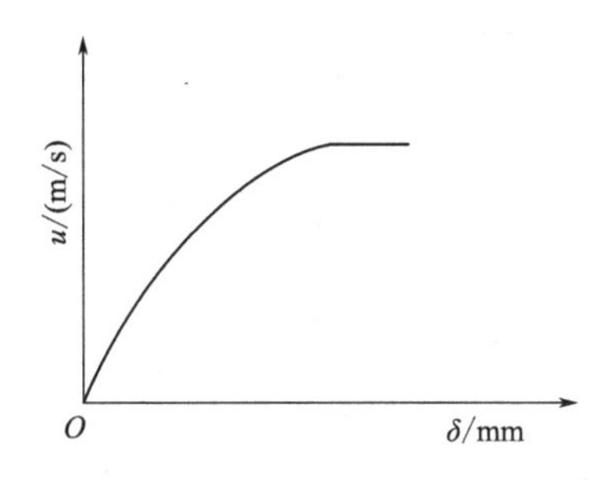

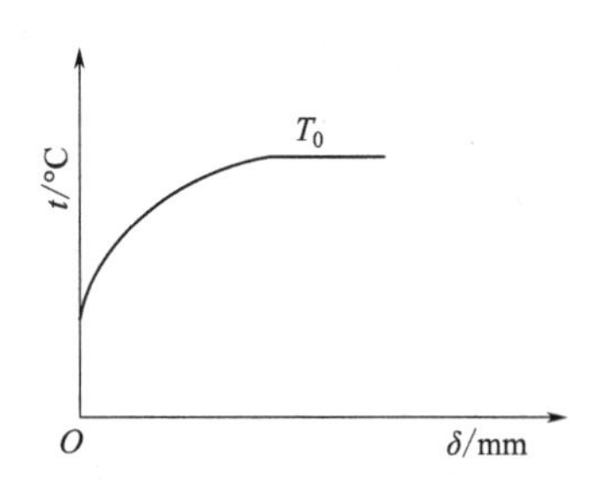

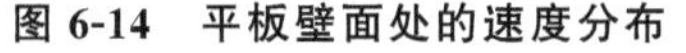

图 6-14　平板壁面处的速度分布　　**图 6-15　平板壁面处的温度分布**

气流在平板壁面的温度变化主要发生在壁面附近的薄层中。一般规定，气流与平板壁面的温度差达到气流主体与壁面温度差的 99%时，定义该点到平板壁面的距离为气流温度边界层的厚度 δ_t。即温度边界层外边界处的温度应满足下式

$$(t-T_w)=0.99(T_0-T_w) \tag{6-56}$$

式中，T_0 和 T_w 分别为流体主体和壁面的温度；t 为温度边界层外边界处的温度。温度边界层厚度沿流动方向不断增厚，δ_t 越薄则层内温度梯度越大。

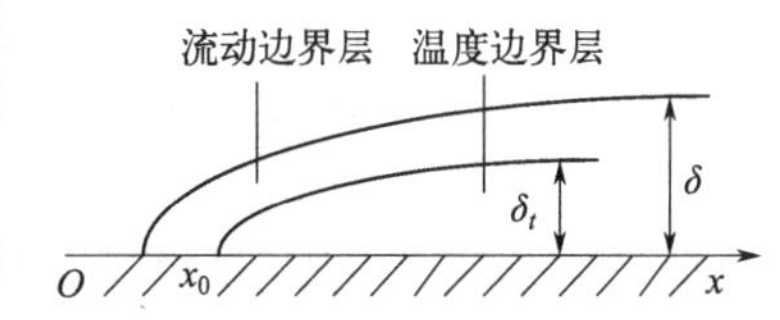

图 6-16　流动边界层与温度边界层

平板壁面上气流的温度边界层，可与其流动边界层同时开始形成，也可先形成其流动边界层，随后才开始形成温度边界层，如图 6-16 所示。气流的两种边界层厚度之比与普朗特数 Pr 有关。当两种边界层同时开始形成时，两者的近似关系为

$$\frac{\delta_t}{\delta}=\frac{1}{\sqrt[3]{Pr}} \tag{6-57}$$

式中，δ_t 和 δ 分别为气流的温度边界层和流动边界层厚度。当 $Pr=1$ 时，两者的厚度相等。

三、实验装置和流程

（1）实验装置流程。空气由风机送出，通过孔板流量计计量后经空气预热器加热变成热空气，热空气进入边界层箱体内，温度高于水的温度，平稳地流过矩形平板的上表面，矩形平板的另一面通冷却水，保持平板壁面温度恒定，热空气通过矩形平板面与冷却水进行热量传递，然后热空气经风道返回到风机进口，循环使用。热空气进入边界层箱体时保持流速、温度恒定，其实验装置示意如图 6-17 所示。

（2）设备及仪表

① 设备：风道、风机、空气预热器、边界层箱体。

② 仪表：微差压计、温度传感器、孔板流量计、差压变送器、数字千分尺。

③ 控制箱：温控仪、记录仪、仪表和设备控制模块。

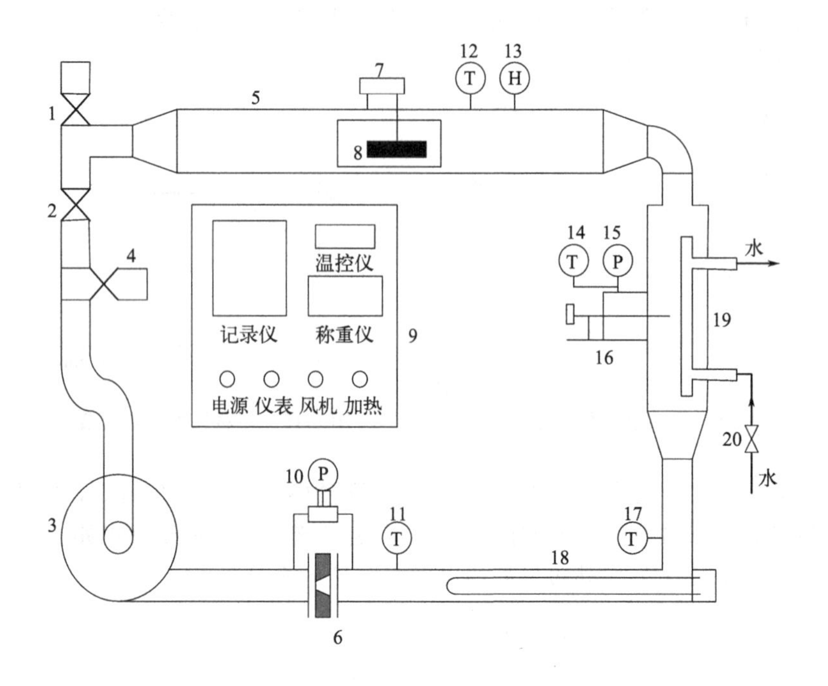

图 6-17　平板边界层实验装置示意

1，2，4—蝶阀；3—风机；5—干燥箱；6—孔板流量计；7—称重传感器；8—被干燥物料；9—控制箱；10—差压变送器；11，12，14，17—温度传感器；13—湿度传感器；15—微差压计；16—数字千分尺；18—空气预热器；19—边界层箱体；20—进水阀

四、实验操作要点

(1) 熟悉实验装置流程、掌握设备和仪表使用方法。调节数字千分尺，观察温度和压力探头是否紧贴平板壁，若是，则此时数字千分尺为零。

(2) 依次启动总电源、仪表电源，检查仪表是否正常工作。

(3) 全开管路阀 2，关闭管路阀 1 和 4，保证气体管路系统畅通，流量稳定。

(4) 开启冷却水，让冷却水冷却平板面，保持温度恒定。

(5) 启动风机，调节空气预热器，设定空气预热温度 80℃，保持恒定。

(6) 稳定 10 分钟，记录此时的压差 Δp(Pa)、温度 t(℃) 和千分尺数据 δ(mm)。

(7) 微调千分尺，改变位移 $\delta=0.2$mm，重复步骤 (6)，依次测定平板法线上各点的压差 Δp(Pa)、温度 t(℃) 和千分尺数据 δ(mm)。

(8) 重复测定 10～20 次，完成平板法线上各点的压差 Δp(Pa)、温度 t(℃) 和千分尺数据 δ(mm) 的数据采集。

(9) 停止空气预热器加热，等气体温度降为常温时，关闭风机，关闭进水阀。

(10) 实验数据采集完毕后，依次关闭仪表电源、总电源。数字千分尺回到零位。

安全注意事项：

① 注意用电安全，避免空气电加热器干烧，造成电加热器损坏。

② 随时检查软管内的冷却水，避免漏水，一旦发生，关闭冷却水进口阀。

③ 正确使用数字千分尺，不要用力过猛以免损坏。

五、实验数据记录和处理

（1）原始实验数据记录参考表格如表 6-11 所示。

表 6-11 平板边界层实验数据记录参考表

实验装置号：__________；实验时间：__________；室温：__________。

序号	位移 δ/mm	压差 Δp/Pa	温度 t/℃	备注
1				
2				
3				
⋮				
15				

（2）实验数据处理结果参考表格如表 6-12 所示。

表 6-12 速度、温度计算结果表

序号	位移 δ/mm	压差 Δp/Pa	温度 t/℃	速度 u/(m/s)
1				
2				
3				
⋮				
15				

六、实验思考与讨论问题

（1）气流在平板壁面处的速度边界层与温度边界层有何区别？

（2）气流在平板壁上得到充分发展后其速度边界层和温度边界层是否相等？

（3）阐述气流通过圆管进口时的速度边界层。

实验七 气体吸收-解吸实验

一、实验内容及任务

（1）了解填料塔的设备结构，观察气、液在填料塔内的操作状态，掌握吸收操作方法。

（2）测定在不同喷淋量下，气体通过填料层的压降与气速的关系曲线，确定泛点。

（3）测定在填料塔内用水吸收 CO_2 的液相体积传质系数 K_Xa。

（4）对吸收塔和解吸塔的填料进行性能比较。

（5）熟悉气相色谱仪、滴定仪等分析仪器的使用。

二、实验原理

填料塔是一种气液传质设备。填料的作用是增大气液两相的接触面积，气液两相在填料塔内流动相互影响，具有自己的流体力学特性。填料塔的流体力学特性是吸收设备的重要参数，它包括了压降和液泛规律。测定填料塔的流体力学特性是为了计算填料塔所需动力消耗和确定填料塔的适宜操作范围，选择适宜的气液负荷，确定最佳操作气速。

填料塔的流体力学特性是以气体通过填料层所产生的压降来表示。该压降在填料因子、填料层高度、液体喷淋密度一定的情况下随气体速度的变化而变化，其压降与气速之间的变化关系如图6-18所示。

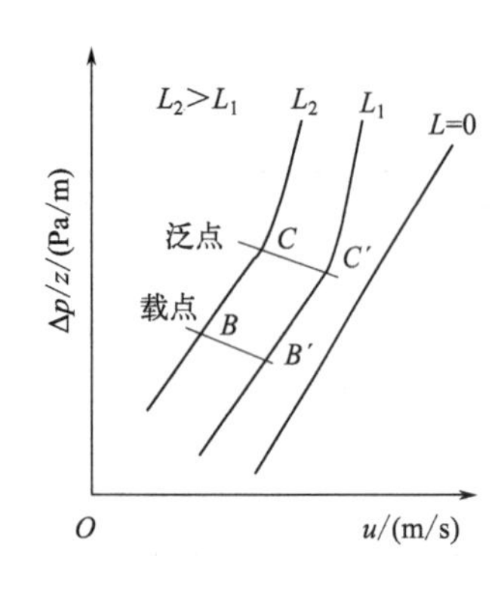

图6-18 填料层压降与空塔气速的关系曲线

气体通过干填料层时，其压降与空塔气速的函数关系在双对数坐标上为一直线，其斜率在1.8～2.0之间。当有液体喷淋，且气体以低速流过填料层时，压降与气速的关联线几乎与$L=0$的关联线平行，随着气速的增加，填料层内持液量增加，压降随之增加，在填料层的表面形成一层最薄的液层，此时对应的点B和B'为载点。当填料层持液量越积越多，气体流动对液膜的曳力作用增强，压降与气速的关联线向上弯曲，斜率变大，气体的压降几乎是垂直上升，气体以泡状通过液体，出现液泛现象，此时对应的点C和C'为泛点。在泛点以上，填料塔内充满液相，由分散相变为连续相，气体以气泡的形式流过液层，由连续相变成分散相。在泛点气速以上操作，气流出现脉动，塔的操作极不稳定，填料塔的操作应避免液泛现象，正常的操作范围应在载点和泛点气速之间。

在一定喷淋量下，通过改变气体流量而测定填料层压降，即可确定填料塔的流体力学特性。

气体吸收是气体混合物以一定气速通过塔内填料层时，与液相（吸收剂）充分接触进行传质，因混合气体的各组分在同一吸收剂中的溶解度差异，溶解度较大的气体组分较多地进入液相而实现与其他组分分离。

在填料塔中，气、液两相传质主要在填料有效湿表面上进行，为了完成一定的分离任务需计算填料层高度，其计算方法有：传质系数法、传质单元法和等板高度法。传质系数是反映填料塔性能的主要参数之一。影响传质系数的因素很多，对不同系统和不同吸收设备，传质系数各不相同，所以工程上往往用实验测定传质系数，作为放大设计吸收设备的依据。

本实验采用水吸收混合空气中的CO_2，常压下CO_2在水中的溶解度比较小，用水吸收CO_2的操作是液膜控制的吸收过程。由于填料塔内气、液组成Y、X和传质推动力X^*-X均随塔高变化，因而塔内各截面上的吸收速率也不相同，为此，在填料层中取高度为$\mathrm{d}H$的微分段为控制体来进行研究，通过物料衡算方程和传质速率方程建立此控制体的微分方程，整理可得在低浓度等温吸收时填料层高度的计算式为

$$Z=\frac{L}{K_X a\Omega}\int_{X_2}^{X_1}\frac{\mathrm{d}X}{X^*-X} \tag{6-58}$$

即

$$K_X a=\frac{L}{Z\Omega}\int_{X_2}^{X_1}\frac{\mathrm{d}X}{X^*-X} \tag{6-59}$$

当气液平衡关系符合亨利定律时，上式整理为

$$K_X a=\frac{L}{Z\Omega}\frac{X_1-X_2}{\Delta X_{\mathrm{m}}} \tag{6-60}$$

$$\Delta X_m = \frac{\Delta X_1 - \Delta X_2}{\ln \frac{\Delta X_1}{\Delta X_2}} = \frac{(X_1^* - X_1) - (X_2^* - X_2)}{\ln \frac{X_1^* - X_1}{X_2^* - X_2}} \tag{6-61}$$

$$N_{OL} = \frac{X_1 - X_2}{\Delta X_m} \tag{6-62}$$

$$H_{OL} = \frac{L}{K_X a \Omega} \tag{6-63}$$

式中，L 为吸收剂用量，kmol/h；Ω 为填料塔截面积，m^2；ΔX_m 为塔底、塔顶液相浓度差的对数平均值；$K_X a$ 为液相体积传质系数，kmol/(m^3 · s)；Z 为填料层高度，m；X_1、X_2 分别是塔底、塔顶的液相中 CO_2 比摩尔分数；X_1^* 为与塔底气相浓度平衡时塔底液相中 CO_2 的比摩尔分数；X_2^* 为与塔顶气相浓度平衡时塔顶液相中 CO_2 的比摩尔分数；N_{OL}为液相传质单元数；H_{OL}为液相传质单元高度，m。

对水吸收 CO_2-空气混合气中 CO_2 的体系，平衡关系服从亨利定律，平衡时气相浓度与液相浓度的相平衡关系式近似为

$$X^* = \frac{Y}{m} \tag{6-64}$$

其中

$$m = \frac{E}{P} \tag{6-65}$$

$$Y = \frac{y}{1-y} \tag{6-66}$$

式中，Y 为塔内任一截面气相中 CO_2 的浓度，比摩尔分数；y 为塔内任一截面气相中 CO_2 的浓度，摩尔分数；X^* 为与气相浓度平衡时液相中 CO_2 的浓度，比摩尔分数；m 为相平衡常数；E 为亨利常数，MPa；P 为混合气体总压，近似为大气压，MPa。

通过测定物性参数水温和大气压，确定亨利常数，只要同时测取 CO_2-空气混合气进、出填料吸收塔的 CO_2 组成，即可获得与气相浓度平衡时液相中 CO_2 的浓度。

吸收剂水通过吸收 CO_2，再解吸 CO_2 后循环使用，不是清水。其进吸收塔的浓度 X_2 通过酸碱滴定法可确定，从塔顶喷淋到填料层上，塔底液相中的 CO_2 组成可由吸收塔全塔物料衡算求取

$$V(Y_1 - Y_2) = L(X_1 - X_2) \tag{6-67}$$

由式(6-67) 可得

$$X_1 = \frac{V(Y_1 - Y_2)}{L} + X_2 \tag{6-68}$$

式中，V 为惰性空气流量，kmol/h；Y_1、Y_2 分别是塔底、塔顶气相中 CO_2 的比摩尔分数。

本实验通过气相色谱仪分别测定塔底、塔顶气相中 CO_2 的组成，用转子流量计分别测量二氧化碳、空气的用量，用文丘里流量计测量吸收剂水的用量，用滴定仪测定塔顶入塔液相中 CO_2 的组成，即可利用上述公式确定液相体积传质系数。

用水吸收 CO_2 属难溶气体吸收，吸收阻力主要在液膜侧。计算液相体积传质系数的经验公式为

$$k_C a = 2.57 U^{0.96} \tag{6-69}$$

式中，U 为液相的喷淋密度，即单位时间内喷淋在单位塔截面上的液相体积，$m^3/(m^2 \cdot h)$。

式(6-69) 适用条件：

① 直径为 10～32mm 陶瓷环填料塔；

② 喷淋密度 U 为 $3 \sim 20m^3/(m^2 \cdot h)$；

③ 气体的空塔质量速度 G 为 $130 \sim 580kg/(m^2 \cdot h)$；

④ 操作温度为 21～27℃。

式(6-69) 表明，在上述操作条件下，用水在常压下吸收 CO_2 的液相体积传质系数 $k_C a$ 的大小主要取决于液相的喷淋密度，而气体的质量流速 G 基本无影响。

解吸是吸收的逆过程，是使溶解于液相中的气体释放出来的操作。因此，相际传质推动力为 $x - x^*$ 或 $y^* - y$，而降低气体溶解度（如减压或加温）和降低气相主体的溶质分压（如气提或汽提）都有利解吸过程的进行。本实验的解吸过程采用了减压或气提形式。

三、实验装置和流程

（1）CO_2 吸收-解吸实验装置流程。风机送出的空气与钢瓶来的 CO_2 气体分别通过转子流量计计量后混合形成混合气体，此混合气体进入吸收塔底部。吸收剂水由解吸液罐经解吸液泵（吸收泵）输送到吸收塔的顶部，通过喷嘴喷洒在填料层上，与上升的混合气体逆流接触，进行传质吸收，尾气从塔顶排出，而吸收 CO_2 后的水进入塔底吸收罐，经吸收液泵（解吸泵）输送到解吸塔的顶部，通过喷嘴喷洒在填料层上，与上升的空气逆流接触，进行解吸过程，解吸后返回到解吸液罐，重复使用。实验装置示意图如图 6-19(a) 所示，其控制面板如图 6-19(b) 所示。

（2）设备与仪表

① 吸收塔和解吸塔：塔内径为 ϕ200mm、填料层高度为 1m 的玻璃钢筒体，填料类型有金属丝网 θ 环、拉西环、鲍尔环和规整填料，塔内件有液体分布器、气体分布器，其他设备有 CO_2 钢瓶、吸收液泵、解吸液泵。

② 仪表：气体转子流量计、文丘里流量计、差压变送器和温度传感器。

③ 分析仪器：气相色谱仪 SC-3000 和滴定仪。

④ 控制箱：触摸显示屏、仪表和设备控制模块。

四、实验操作要点

（1）理清流程，检查所有阀门处于关闭状态，熟悉仪表的正确使用方法和实验采样点，依次启动总电源和仪表电源，观察仪表是否显示正常。

（2）确定要测定的是填料吸收塔，开启测压切换阀 6 和 38，启动风机，开启空气流量调节阀 25、37 和尾气排空阀 19，空气通过流量调节阀 25，转子流量计 14 计量后进入填料吸收塔底部，调节空气流量，流量从小到大，合理分配，每调节一次风量，稳定 3～5 分钟，记录一次填料层压降 Δp、空气流量 V，共采集 7～10 组数据，由此可绘制在干填料操作时，填料层压降 Δp 与气速 u 的关系线，注意观察塔底液位，防止空气从液封装置流出。

（3）通过流量调节阀 25 调节空气流量到流量计的最小刻度值，全开液位控制阀 33、50，同时启动吸收液泵（解吸泵）46 和解吸液泵（吸收泵）48，通过调节阀 35 或 36 调节水量，维持吸收塔和解吸塔的喷淋量不变，润湿吸收塔的填料，至少 5 分钟，注意观察水不能从塔顶尾气管内流出，也不能进入测压管路。用流量调节阀 25 调节空气流量，观察填料

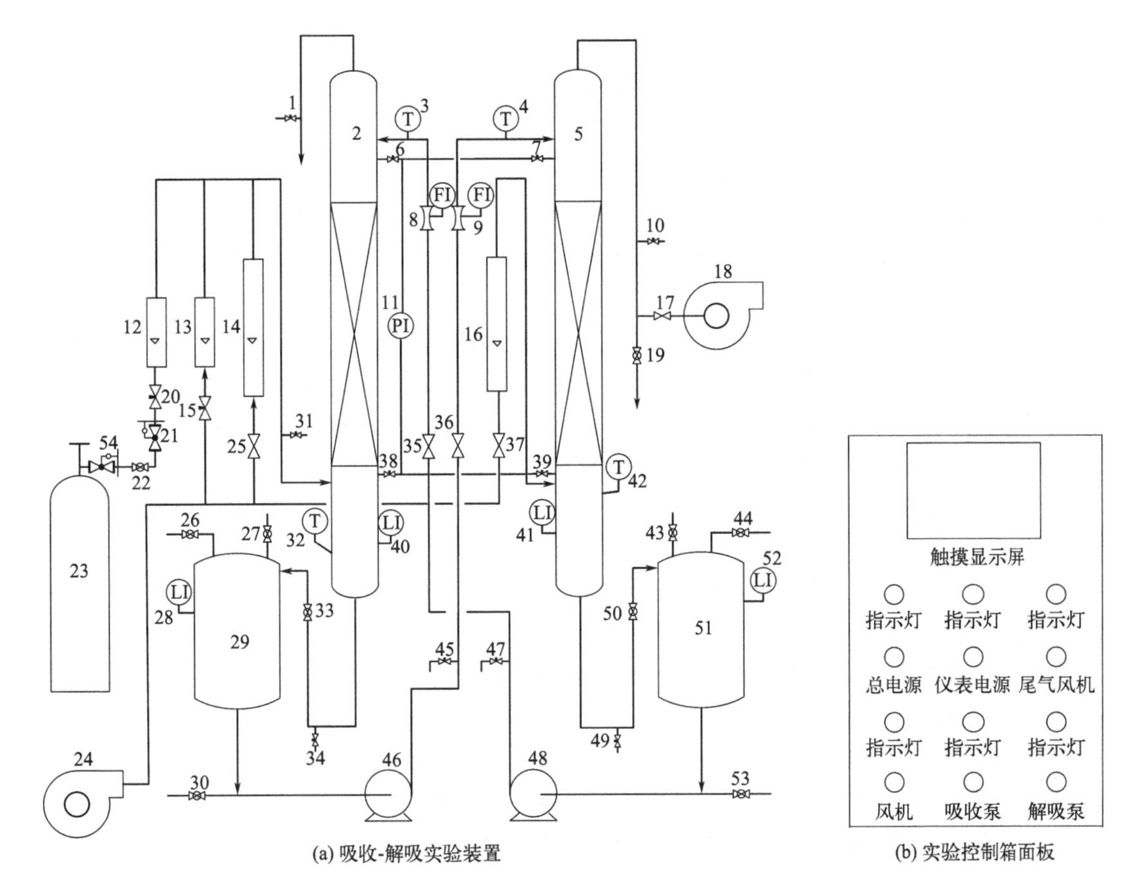

(a) 吸收-解吸实验装置

(b) 实验控制箱面板

图 6-19　吸收-解吸实验装置示意和实验控制箱面板

1，10，31—气体取样阀；2—吸收塔；3，4，32，42—温度传感器；5—解吸塔；6，7，38，39—测压切换阀；8，9—文丘里流量计；11—差压变送器；12，13，14，16—转子流量计；15，20，25，35，36，37—流量调节阀；17—切换阀；18—抽风机；19—尾气排空阀；21—稳压阀；22—球阀；23—CO_2 钢瓶；24—风机；26，44—进水阀；27，43—排空阀；28，40，41，52—液位计；29—吸收液罐；30，53—排液阀；33，50—液位控制阀；34，45，47，49—液体取样阀；46—吸收液泵；48—解吸液泵；51—解吸液罐；54—减压阀

塔内液体的流动状态，流量从小到大，每调节一次风量，稳定 3～5 分钟，记录一次填料层压降 Δp、空气流量 V，共采集 7～10 组数据，出现泛点以后再采集 2～3 组数据，由此可绘制在湿填料操作时，填料层压降 Δp 与气速 u 的关系线。在操作过程中，注意观察两塔底液位以避免空气从塔底流出，保持吸收液罐和解吸液罐的液位稳定，防止两罐内的液体被泵抽空或溢出。

(4) 通过流量调节阀 35 或 36，同时改变吸收塔和解吸塔的喷淋量，重复实验操作步骤(3)，可测定不同水量下填料层压降 Δp 与气速 u 的变化曲线，完成气、液在填料塔内的流体力学性能测定。

(5) 二氧化碳吸收传质系数测定。全开液位控制阀 33、50，同时启动吸收液泵 46 和解吸液泵 48，通过调节阀 35 或 36 调节水量，维持吸收塔和解吸塔的喷淋量不变，润湿吸收塔的填料，至少 5 分钟，注意观察水不能从塔顶尾气管内流出，也不能进入测压管路。

(6) 检查风机 24 是否开启，若未开启，先启动风机，开启流量调节阀 15，空气经转子流量计 13 计量后进入填料吸收塔底部，注意检查并关闭流量调节阀 25，观察塔底液位恒定。

(7) 开启空气调节阀 37，开启尾气排空阀 19，让空气通过转子流量计 16 后进入解吸塔塔底，从下向上经过解吸塔，以气提方式对吸收液中的 CO_2 进行解吸操作。或者关闭尾气排空阀 19，开启切换阀 17 和抽风机，进行负压真空解吸操作，注意解吸塔底部液位控制。

(8) 检查 CO_2 减压阀处于关闭状态，开启 CO_2 钢瓶总阀，调节 CO_2 减压阀使 CO_2 出口压力维持在 0.1MPa 左右，开启阀 22、21 和流量调节阀 20，通过 CO_2 转子流量计 12 计量后与空气混合形成混合气体进入吸收塔底部，此时调节空气或 CO_2 气体的流量，预配制混合气体中 CO_2 体积分数约为 10%。

(9) 混合气体进入吸收塔稳定至少 5min 后，通过吸收塔塔底进口取样点取样，用气相色谱分析仪分析混合气体中 CO_2 的含量，调节空气或者 CO_2 流量，改变空气和 CO_2 的混合比，要求配制混合气中 CO_2 体积分数约为 10%，在整个实验过程中始终保持其稳定不变。

(10) 通过调节阀 35 或 36，改变吸收剂水量，流量从小到大，需采集 4～6 组数据。每调节一次，稳定 10 分钟左右，记录吸收剂水量、空气流量、水温和大气压，用取样针筒在进塔取样点和出塔取样点分别抽取混合气样品 10～15mL 进行 CO_2 分析，定量确定进、出塔气体中 CO_2 的含量，用滴定法测定进塔或出塔液相中 CO_2 的含量，完成在填料塔内液相体积传质系数的测定。

(11) 解吸塔的实验操作和吸收塔的操作类似，按上述步骤 (2)～(10) 作适当修改即可完成解吸塔的操作，实施方案自行拟定。

(12) 所有实验数据记录完后，经指导教师同意，依次关闭 CO_2 气体的钢瓶、风机、吸收泵和解吸泵，关闭色谱分析仪 30 分钟后再关闭氢气发生器，最后关闭仪表电源和总电源。

(13) 在实验操作过程中，注意 CO_2 气瓶的使用安全，未经教师同意，学生不能乱动。

安全注意事项：

① 注意控制吸收液罐和解吸液罐内的液位恒定，防止两罐内的液体被泵抽空或溢出，造成严重事故。

② 开启 CO_2 气瓶的总阀前检查减压阀处于关闭状态，依次开总阀、减压阀、流量调节阀；关闭 CO_2 气瓶时，依次关闭总阀、减压阀和流量调节阀。

③ 注意气相色谱仪安全操作事项。

五、实验数据记录和处理

(1) 测定填料塔流体力学特性的实验数据记录参考表如表 6-13 所示。

表 6-13　填料塔流体力学特性的数据记录参考表

实验装置号：__________；实验日期：__________；实验介质：__________；

填料塔内径：__________ mm；填料层高度：__________ m；水温：__________℃；

填料种类：__________；填料规格：__________；大气压：__________ mmHg。

序号	喷淋量 $L=0m^3/h$		喷淋量 $L_1=$____ m^3/h		喷淋量 $L_2=$____ m^3/h	
	空气流量 $V/(m^3/h)$	填料层压降 $\Delta p/Pa$	空气流量 $V/(m^3/h)$	填料层压降 $\Delta p/Pa$	空气流量 $V/(m^3/h)$	填料层压降 $\Delta p/Pa$
1						
2						
3						
⋮						

（2）测定填料塔流体力学特性的数据处理参考表如表 6-14 所示。

表 6-14　填料塔流体力学特性数据处理参考表

序号	V /(m^3/h)	Δp/Pa	u /(m/s)	$\Delta p/z$/(Pa/m)			备注
				$L=0$	$L_1=$______ m^3/h	$L_2=$______ m^3/h	
1							
2							
3							
⋮							

（3）吸收塔的传质系数测定数据记录及处理参考表如表 6-15 所示。

表 6-15　传质系数测定数据记录及处理参考表

项目		1	2	3
空气流量	流量计示值 V/(m^3/h)			
	空气温度 t_1/℃			
	标准状态下空气流量 V_0/(m^3/h)			
二氧化碳流量	流量计示值/(L/h)			
	二氧化碳温度 t_2/℃			
	标准状态下二氧化碳流量 V_{CO_2}/(L/h)			
吸收剂流量 L/(m^3/h)				
吸收剂入塔浓度 x_2				
吸收剂入塔温度 t_3/℃				
吸收剂出塔温度 t_4/℃				
二氧化碳入塔浓度 y_1				
二氧化碳出塔浓度 y_2				
吸收剂出塔浓度 x_1				
相平衡常数 m				
对数平均浓度差 ΔX_m				
液相传质单元数 N_{OL}				
液相传质单元高度 H_{OL}				
K_Xa/[kmol/(m^3·h)]				

（4）解吸塔的流体力学特性和传质系数测定的数据记录及处理表自行拟定。

六、实验思考与讨论问题

（1）分析影响液相体积传质系数的因素。

（2）填料吸收塔塔底为什么必须有液封装置？如何设计此液封装置？

（3）在填料塔的流体力学特性中，如何确定最佳操作空塔气速？

（4）测定 K_Xa 需测定哪些参数？有何实际意义？

（5）分析讨论 L、V、t_3 的变化对出塔尾气 y_2 的影响。

实验八　精馏实验

一、实验内容及任务

（1）了解填料和板式精馏塔的结构，熟悉精馏的工艺流程和原理。

（2）掌握连续精馏塔的操作。

（3）掌握填料精馏塔等板高度的测定方法。

（4）在全回流或部分回流工况下测定板式精馏塔的全塔效率。

（5）观察精馏塔内气、液两相的接触状态。

（6）熟悉现代化工仪器、仪表的使用。

二、实验原理

精馏是利用混合液中组分间挥发度的差异，在塔内同时并多次进行液相部分汽化和气相部分冷凝过程而实现混合溶液分离的单元操作。精馏塔是实现此精馏过程的一种设备，分为填料塔和板式塔，在板式精馏塔中，塔板是气、液两相接触的场所，塔底再沸器产生的蒸气穿过塔板的孔道和板上的液体接触实现传热和传质。塔顶的蒸气经冷凝器冷凝后一部分液体作为塔顶产品，一部分液体回流到塔顶第一块板，横向流过塔板，经降液管流向下层塔板，逐板下降到塔底再沸器。在填料精馏塔中，填料是气、液两相接触的场所，填料表面的液膜与气相同时进行传热和传质，其操作类似于填料吸收塔。

塔板效率是反应塔板性能及操作好坏的重要指标。影响塔板效率的因素很多，它不仅与物系的性质、塔板上的操作条件有关，而且与塔板结构和安装状态等因素有关。单板效率和全塔效率是常用的两种表示法。

对板式塔而言，单板效率（默弗里板效率）E_{mV}是通过第 n 板的实际气相组成变化值与此板是理论板时气相组成变化值之比，即

$$E_{mV}=\frac{y_n-y_{n+1}}{y_n^*-y_{n+1}} \tag{6-70}$$

式中，y_{n+1}为进入第 n 板的气相组成；y_n 为离开第 n 板的气相组成；y_n^* 为与离开第 n 板液相成平衡的气相组成。

在全回流下，回流比 R 为无穷大，塔内无精馏段和提馏段之分，操作线与对角线重合，此时 $y_{n+1}=x_n$、$y_n=x_{n-1}$，精馏塔的默弗里板效率为

$$E_{mV}=\frac{x_{n-1}-x_n}{y_n^*-x_n} \tag{6-71}$$

式中，x_{n-1}为第 $n-1$ 板的液相组成；x_n 为第 n 板的液相组成。

通过上式可知，在全回流情况下，欲测定第 n 板的单板效率，只需测定该板及其上一板的液相组成（x_n，x_{n-1}），并根据 n 板的液相组成 x_n 值在平衡曲线上查取 y_n^*。

板式精馏塔的全塔效率 E_T 是理论塔板数 N_T（含再沸器）与实际塔板数 N 之比，即

$$E_T=\frac{N_T-1}{N}\times 100\% \tag{6-72}$$

本实验的实际塔板数为 15 块（不含再沸器）。对填料精馏塔而言，等板高度 HETP 又称当量高度，表示分离效果相当于一块理论板的填料层高度，其公式为

$$\mathrm{HETP}=\frac{Z}{N_{\mathrm{T}}-1} \tag{6-73}$$

式中，HETP 为等板高度，m；Z 为填料层高度，m，$Z=1.5\mathrm{m}$；N_{T} 为理论塔板数（含再沸器）。

理论塔板数的求取有两种方法：逐板计算法和作图法。在全回流下，$y_{n+1}=x_n$，只要测定塔顶回流组成 x_{D} 和塔底釜液（再沸器）组成 x_{W}，可利用作图法求取理论塔板数，如图 6-20 所示，进而根据式(6-72) 求取全塔效率。

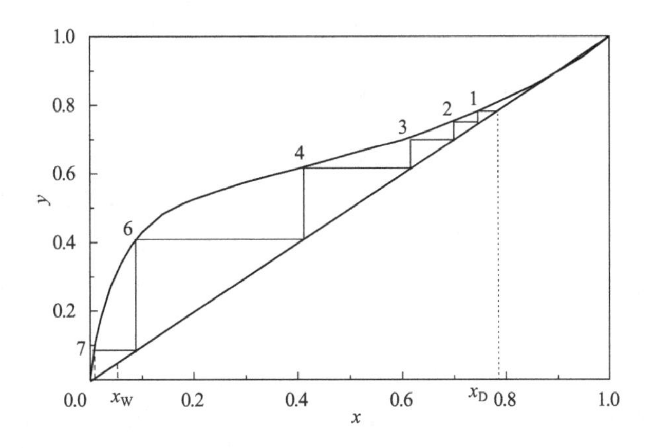

图 6-20　全回流下图解法求理论塔板数

在部分回流情况下，精馏段操作线为

$$y_{n+1}=\frac{R}{R+1}x_n+\frac{1}{R+1}x_{\mathrm{D}} \tag{6-74}$$

式中，R 为回流比，是回流时间 t_{L} 与产品时间 t_{D} 之比，即 $R=\frac{t_{\mathrm{L}}}{t_{\mathrm{D}}}$；$y_{n+1}$ 为 $n+1$ 板上升的气相组成（摩尔分数）；x_n 为 n 板下降的液相组成（摩尔分数）；x_{D} 为塔顶产品组成（摩尔分数）。

进料状态的 q 线方程为

$$y=\frac{q}{q-1}x-\frac{1}{q-1}x_{\mathrm{F}} \tag{6-75}$$

$$q=\frac{r_{\mathrm{m}}+c_{p\mathrm{m}}(t_{\mathrm{s}}-t_{\mathrm{F}})}{r_{\mathrm{m}}} \tag{6-76}$$

式(6-75) 表示了精馏段和提馏段两操作线交点的轨迹。

式中，q 为进料热状态参数；t_{F}、t_{s} 分别是原料液的温度和泡点温度，℃；x_{F} 为原料液的组成（摩尔分数）；$c_{p\mathrm{m}}$ 为原料液的平均比热容，kJ/(kmol·℃)；r_{m} 为原料液在泡点温度下的汽化热，kJ/kmol。

本实验是温度低于泡点的冷液进料，通过测定原料液组成 x_{F}、塔顶产品组成 x_{D}、塔底釜液组成 x_{W}、原料液温度 t_{F}、回流比大小 R，可利用作图法求取理论塔板数，如图 6-21 所示，进而根据式(6-72) 求取全塔效率。

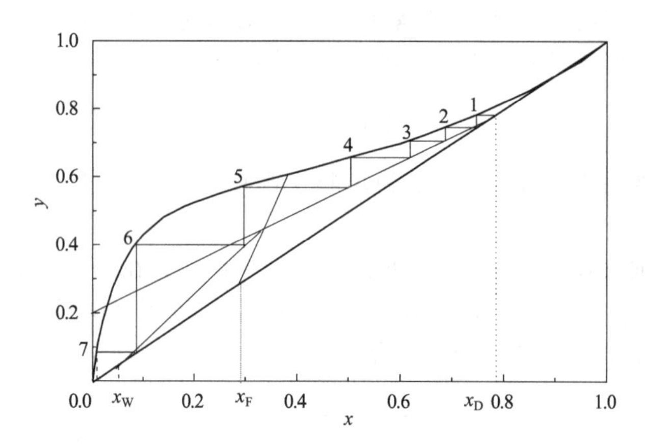

图 6-21 部分回流下图解法求理论塔板数

精馏操作过程涉及精馏塔、塔顶冷凝器和塔底再沸器的调节，塔顶冷凝器必须保证冷却系统完好，塔底再沸器必须保证加热系统完好，通过其工艺参数的调节和控制，保证精馏塔在正常工况下连续稳定地运行，产品达到质量和产量指标的要求。

在进料条件和工艺分离要求确定后，要严格维持塔内的总物料平衡和组分物料平衡，即

$$F=D+W \tag{6-77}$$

$$Fx_F=Dx_D+Wx_W \tag{6-78}$$

式中，F 为原料量，mol/h；D 为塔顶产品量，mol/h；W 为塔底产品量，mol/h；x_F 为原料组成（摩尔分数）；x_D 为塔顶产品组成（摩尔分数）；x_W 为塔底产品组成（摩尔分数）。

当总物料不平衡时，若进料量大于出料量，会引起淹塔，相反，若出料量大于进料量，则会导致塔釜干料，最终破坏精馏塔的正常操作，所以要控制好塔顶和塔底的采出量。

回流比是精馏过程中重要的设计和操作参数之一，全回流操作仅在精馏塔调试或开车阶段进行，为部分回流做好准备，回流比大小可根据理论计算或直接通过实验测定加以确定。本实验中，回流液是冷液，实际回流比须校正，其校正公式为

$$R_1=\frac{r+c_{pm}(t_1-t_L)}{r}R \tag{6-79}$$

式中，R_1 为实际回流比；R 为实验测定的回流比，$R=\frac{t_L}{t_D}$；t_1、t_L 分别是第一层塔板的温度、回流液温度，℃；c_{pm}为回流液在平均温度 $t=\frac{t_1+t_L}{2}$下的比热容，kJ/(kmol·℃)；r 为回流液在泡点温度下的汽化热，kJ/kmol。

在塔板数一定的情况下，正常的精馏操作必须要有一个适宜的回流比，以便获得合格产品。

在精馏塔操作过程中，压降是精馏塔的一个重要操作控制参数，它反映了塔内气、液两相的流体力学状况。塔内要维持正常的气、液负荷：对板式塔而言保证塔板上气、液两相充分接触，避免不正常的操作工况，如雾沫夹带、漏液和液泛等；对填料塔而言保证气、液两相在填料表面充分接触，维持在泛点以下操作，避免出现泛点现象。

当操作压力一定时，塔顶、塔底产品组成和塔内各板上的气、液组成与板上温度存在一

定的对应关系。在塔内某些板之间，板上温度差别较大，当操作不当导致板上组成发生变化时，这些板上的温度随之明显变化，工程上把这些塔板称为温度灵敏板。通过灵敏板上温度的早期变化，预测塔顶和塔底产品组成的变化趋势，采取有效的调节措施，纠正不正常操作，保证产品质量。

精馏塔操作要注意：精馏塔由下到上逐步形成温度梯度和浓度梯度，是一个缓慢的过程，操作控制避免大起大落，要仔细观察塔内现象及塔板上气、液接触状态，严格控制在塔内气、液负荷的操作弹性范围内。

三、实验装置和流程

(1) 精馏实验装置流程。原料是乙醇-水溶液，由原料罐经原料泵输送到精馏塔体的进料口进入塔内。塔顶采用冷凝器，壳程是蒸汽，管程是冷却水。塔底再沸器采用单相(220V) 电加热器加热釜液，电加热 1 恒定加热，电加热 2 是可调节的，通过电加热 2 调节可知其电压、电流大小，从而确定加热功率。精馏实验装置控制面板如图 6-22(a) 所示，其装置示意图如图 6-22(b) 所示。

(2) 设备与仪表

① 实验设备采用塔外径为 ϕ57mm 的不锈钢筛板塔，全塔共 15 块实际塔板（不包括再沸器），塔体的上、中、下有三个塔节采用透明耐热玻璃钢材质制作而成，便于观察塔内气液两相流动状态。板式塔的塔板采用筛板，筛孔直径 2mm，降液管由外径 10mm 不锈钢管制成。填料精馏塔的塔外径 ϕ57mm，填料层高度为 1.5m，采用 θ 环填料。

② 其他设备：冷凝器、再沸器、原料泵、塔底产品罐、塔顶产品罐和恒温水浴槽。

③ 仪表：液体转子流量计、电磁流量计、压力传感器和温度传感器。

④ 分析仪器：气相色谱仪 SC-3000 或阿贝折射仪或比重仪。

⑤ 控制箱：仪表和设备控制模块、回流比控制器、记录仪。

四、实验操作要点

(1) 理清流程，熟悉设备结构，检查电加热系统、加料系统及冷却水系统的完好性，所有管路上的阀门处于关闭状态。

(2) 开启阿贝折射仪的超级恒温水浴，设定温度 35℃，在原料罐中配制 10%～15%乙醇-水溶液，检查加料管路处于畅通状态，即开启阀 27。启动总电源和仪表电源，启动原料泵，开启阀 28、29 加原料液到塔底再沸器内，观察其液位变化，液位高于警示刻度线 3～4cm 时，关闭阀 28 和 29，关闭原料泵停止给再沸器加原料液。

(3) 开启冷却水流量调节阀 13，控制水量，保证冷却系统工作正常。

(4) 启动可调电加热 2 电源，调节变压器电压 150V 预热釜液，10 分钟后开启恒定电加热 1 电源，观察再沸器内温度的变化。注意电压、电流不要超过量程范围，以免烧坏仪表。

(5) 预热再沸器内的溶液，加热约 20 分钟，从塔内观察罩观察有无鼓泡发生，控制水量，观察塔顶放空阀有无乙醇蒸气溢出，调节再沸器的加热量，控制塔内气体负荷在正常的操作弹性范围内。

(6) 全回流实验

① 开启回流管路中针形阀 14，设定回流时间（分），采出时间为零，塔顶蒸气冷凝后的液体通过回流比控制器全部回流到塔顶第一块板，不出产品。关闭恒定电加热 1 电源，调节

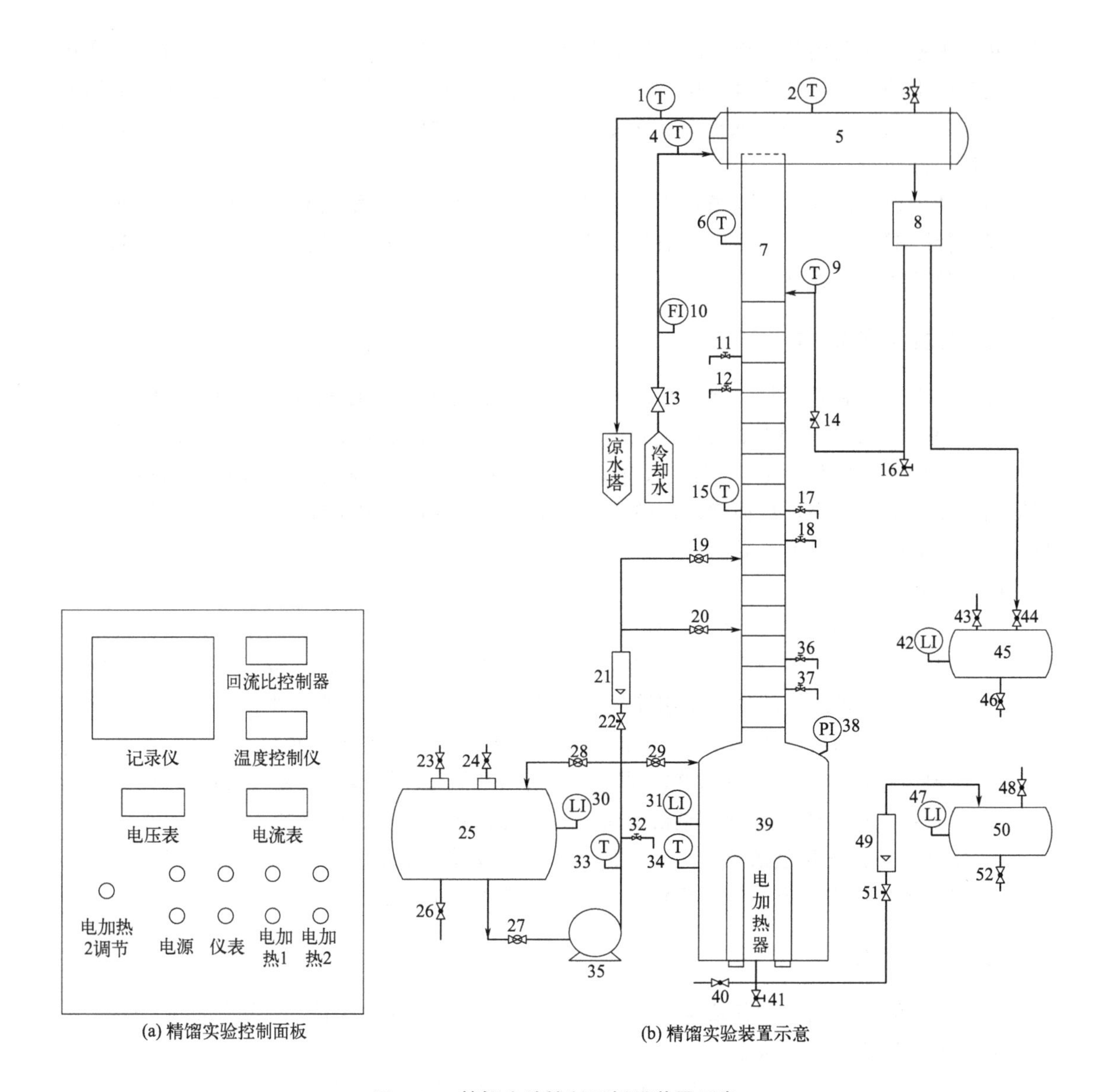

图 6-22 精馏实验控制面板及装置示意

1，2，4，6，9，15，33，34—温度传感器；3，24，43，48—放空阀；5—冷凝器；7—精馏塔；8—回流比控制器；10—电磁流量计；11，12，17，18，36，37—取液阀；13—冷却水调节阀；14—针形阀；16，32，41—取样阀；19，20，28，29—切换阀；21，49—转子流量计；22—流量调节阀；23—进液阀；25—原料罐；26，40，46，52—排空阀；27—球阀；30，31，42，47—液位计；35—原料泵；38—压力传感器；39—再沸器；44—塔顶产品阀；45—塔顶产品罐；50—塔底产品罐；51—流量调节阀

可调电加热 2 的电压，使塔内气液处于正常工况（无漏液和过量雾沫夹带）。

② 塔内所示温度、压力及回流量稳定后，即可进行取样分析。

③ 用 5mL 试管在回流管的最下方，开启取样阀 16，采集回流液不超过 1mL，在阿贝折射仪上测出折射率，查折射率和组分关系图得 x_D。

④ 用 5mL 试管，开启再沸器底部的釜液取样阀 41，采集釜液不超过 1mL，在阿贝折射仪上测出折射率，查折射率和组分关系图得 x_W。

⑤ 用两支 5mL 试管同时分别抽取相邻两板上的液相不超过 1mL，在阿贝折射仪上测出折射率，查折射率和组分关系图得 x_n、x_{n-1}。

（7）部分回流实验：

① 启动原料泵，打开阀 28、22 和 19 或 20，通过调节阀 22 控制进料量 F；开启回流比控制器，设定回流时间（秒）和采出时间（秒），确定回流比，即塔顶蒸气冷凝变成液相后，一部分液体回流到塔顶内，另一部分液体到塔顶产品罐，开启阀 44、43，确保塔顶产品管路畅通；通过调节阀 51 控制塔底产品采出量，保持并控制再沸器液位恒定不变，避免再沸器液位过高或过低，若其液位低于警示线以下，立即关闭电加热 1、2 的电源。

② 设定回流时间和采出时间，即为不同的回流比 R。

③ 通过转子流量计改变进料量 F。

④ 通过再沸器内的电加热 1、2 改变加热量。

⑤ 通过上述部分回流实验的②、③、④实验步骤调节，观察塔内气、液两相在正常的操作弹性范围内时，塔内所示温度、压力及流量稳定后，方可进行取样分析。

⑥ 开启回流管最下方的取样阀 16，用 5mL 试管抽取回流液不超过 1mL，在阿贝折射仪上测出折射率，查折射率和组分关系图得 x_D。

⑦ 开启再沸器底部的取样阀 41，用 5mL 试管抽取釜液不超过 1mL，在阿贝折射仪上测出折射率，查折射率和组分关系图得 x_W。

⑧ 开启进料管路中的取样阀 32，用 5mL 试管抽取原料液不超过 1mL，在阿贝折射仪上测出折射率，查折射率和组分关系图得 x_F。

⑨ 记录原料罐内原料液温度，确定加料热状态参数 q。

（8）结束实验：全部数据测定完毕后，关阀 22，停原料泵，关闭塔底流量调节阀 51 和塔顶产品阀 44，回流比控制器设定为全回流，精馏操作从部分回流转为全回流操作。电加热器调零，关闭电加热器，待塔顶蒸气已全部冷凝完后，关闭冷却水调节阀，关闭仪表和总电源，检查所有管路系统中的阀门并关闭。所取分析样的残液倒入回收桶内，严禁随地乱倒，防止乙醇蒸气着火燃烧。

安全注意事项：

① 再沸器液位要保持警示液位以上 3cm，才可打开电加热器电源，若液位过低会使电加热棒裸露干烧，轻者烧坏电加热器，重者会引起爆炸事故。

② 部分回流时，原料泵电源开启前必须保证原料泵进口管路畅通，否则会损坏原料泵。

③ 调节电压和电流控制加热量，以塔板气液两相正常鼓泡为宜。

④ 节约用水，冷却水用量适宜。

⑤ 小心取样，避免烫伤，避免取样过多，防止液体滴到仪表和原料泵上造成仪器、设备损坏。

⑥ 在部分回流操作时随时观察再沸器内的液位，通过调节阀 51 调节塔底产品采出量，保持并控制再沸器液位恒定不变，避免再沸器液位过高或过低，若其液位低于警示液位，立即关闭恒定和可调电加热的电源。

五、实验数据记录和处理

（1）实验数据记录和处理（以板式塔为例）参考表如表 6-16 所示。

表 6-16　全回流和部分回流数据记录和处理参考表

实验装置号：__________；实验日期：__________；实验介质：__________；

板式精馏塔塔径：__________mm；板间距：__________mm；实际塔板数：__________。

序号	回流方式	全回流	部分回流	备注	序号	回流方式	全回流	部分回流	备注
1	回流比 R				14	n 板轻组分摩尔分数 x_n			
2	塔釜温度 t_W/℃				15	$n-1$ 板轻组分摩尔分数 x_{n-1}			
3	塔中温度 t/℃				16	塔釜轻组分摩尔分数 x_W			
4	塔顶温度 t_D/℃				17	塔顶轻组分摩尔分数 x_D			
5	回流温度 t_L/℃				18	原料液轻组分摩尔分数 x_F			
6	进料温度 t_F/℃				19	实际回流比 R_1			
7	进料流量 F/(L/h)				20	塔底采出量 W/(L/h)			
8	塔釜加热功率/kW				21	塔顶采出量 D/(L/h)			
9	塔釜样品折光率 n_W				22	进料热状况参数 q			
10	塔顶样品折光率 n_D				23	理论塔板数 N_T			
11	原料液样品折光率 n_F				24	单板效率 E_{mV}			
12	n 板样品折光率 n_n				25	全塔效率 E_T			
13	$n-1$ 板样品折光率 n_{n-1}								

填料精馏塔的实验数据记录和处理参照板式精馏塔数据记录和处理表的格式自行拟定。

（2）数据处理。对板式塔而言根据实验数据计算全塔效率 E_T 和单板效率 E_{mV}。对填料塔而言计算等板高度。

六、实验思考与讨论问题

（1）根据实验装置，如何确定回流比？回流比对塔顶产品的组成有无影响？

（2）分析影响塔板效率的因素有哪些。

（3）全回流在精馏塔操作中有何实际意义？

（4）塔顶排空阀的作用是什么？

（5）部分回流的情况下，板式塔的单板效率如何测定？

实验九　常压红外干燥实验

一、实验内容及任务

研究固体湿物料的干燥特性，绘制干燥曲线和干燥速率曲线。

二、实验原理

红外干燥是利用热能去除固体物料中湿分的一种单元操作。在干燥过程中，热空气将热能以辐射传热方式传递给湿物料，物料表面上的水分汽化，并从表面以对流扩散方式向热空气传递，与此同时，物料内部与表面间产生水分差，物料内部水分以气态或液态形式向表面扩散，直至物料表面的水蒸气分压与热空气介质中的水蒸气分压相平衡为止。

干燥速率是指单位时间内汽化的湿分量，干燥速度是以单位时间内、单位面积上所汽化

的湿分量来表示，其数学式为

$$N=-\frac{\mathrm{d}W}{A\mathrm{d}\tau}=-\frac{G_{\mathrm{c}}\mathrm{d}X}{A\mathrm{d}\tau} \tag{6-80}$$

式中，N 为干燥速度，kg/(m^2 · s)；W 为汽化水分量，kg；G_{c} 为绝干物料量，kg；X 为湿物料的干基含湿量，kg 水/kg 绝干物料；A 为干燥面积，m^2；τ 为干燥时间，s。

本实验在红外干燥箱内以红外灯热源来加热湿木屑，在稳定条件下，以平衡湿含量为基准，因此，在干燥前加入到木屑中的水分为最初湿含量，由最初的湿含量减去各段时间内所汽化的水分，即为该时刻物料的湿含量，由此可作出湿含量随时间的变化曲线，即干燥曲线，如图 6-23 所示。当被加入的水分全部汽化后，物料又恢复到原基准湿含量。由此可得各段时间内的汽化水分量，求出该段时间内的平均干燥速率或干燥速度，绘制出干燥速率或干燥速度随湿含量的变化曲线，即干燥速率曲线，如图 6-24 所示。

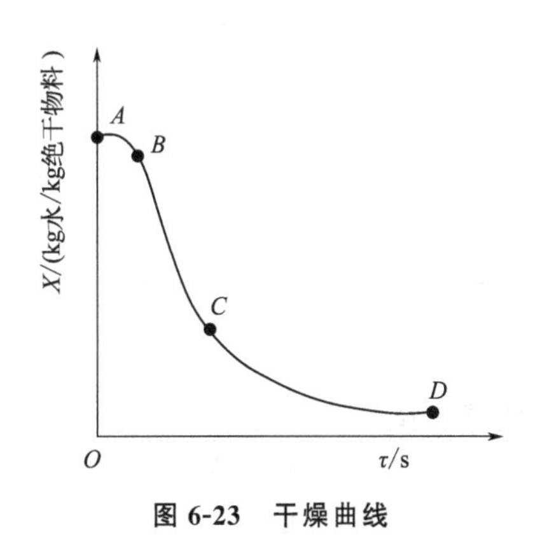

图 6-23 干燥曲线

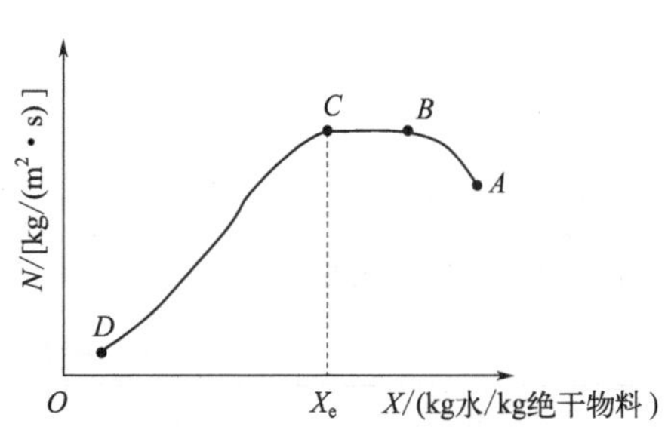

图 6-24 干燥速率曲线

三、实验装置和流程

(1) 常压红外干燥实验装置。实验在常压红外干燥箱内进行，被干燥物料盛在物料盘 2 内，由红外灯直接照射加热，通过电子天平称量物料质量变化，干燥时，用电子表记录干燥时间。其装置示意图如图 6-25 所示。

(2) 设备及仪表

① 干燥箱：长方体 500mm × 400mm × 400mm 玻璃箱。

② 电子天平：T200 型。

③ 仪表：秒表、红外灯、物料盘。

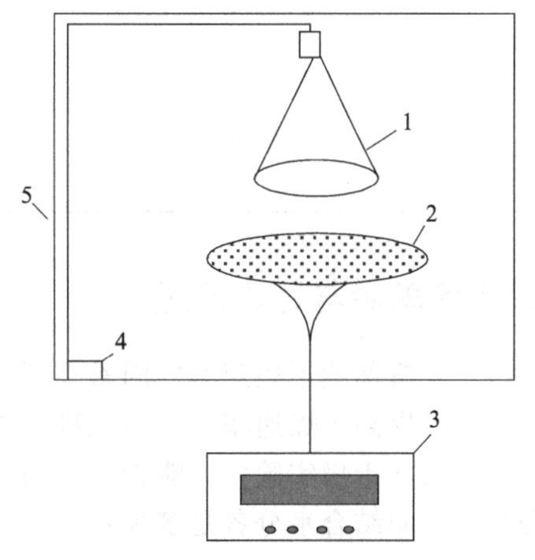

图 6-25 红外干燥实验装置示意

1—红外灯；2—物料盘；3—电子天平；4—电源开关；5—干燥箱

四、实验操作要点

(1) 了解实验装置及所使用仪表，调准电子天平基准点。

(2) 称量 10g 绝干物料于物料盘内，再加入至少 20mL 水混合均匀，平铺放在物料盘内，测量盘内径，确定物料的干燥表面。

(3) 用电子天平称湿物料的总质量，开启红外灯电源开关，同时按下秒表记录时间。

（4）湿物料每失重1.0g，记录一次所需干燥时间，共采集数据15～20组。

（5）关闭电源，待干燥箱内温度降低后，取出物料盘，将已干燥的物料倒回指定的收集盘内，严禁乱倒。

（6）在实验操作过程中，防止木屑燃烧，并注意用电的安全。

五、实验数据记录和处理

（1）实验数据记录参考表如表6-17所示。

表6-17　干燥实验数据记录参考表

实验装置号：________；实验日期：________；实验介质：________；干燥箱内温度：________℃；

干燥面积：________ m^2；湿物料起始量：________ g；绝干物料量：________ g。

序号	湿物料量 G/kg	分段时间 $\Delta\tau$/s	累积时间 τ/s	备注
1				
2				
3				
⋮				
20				

（2）数据处理参考表格如表6-18所示。

表6-18　干燥实验数据处理参考表

序号	湿含量 X/kg	分段时间 $\Delta\tau$/s	累积时间 τ/s	干燥速度 N/[kg/(m^2·s)]	备注
1					
2					
3					
⋮					
20					

六、实验思考与讨论问题

（1）分析影响干燥速率的因素有哪些。

（2）为提高干燥速率，应当从哪些方面采取措施？

（3）从此干燥实验中，能否确定临界干燥速率为多少？能否确定干燥除去的自由水分、结合水分、非结合水分各是多少？

实验十　气流干燥实验

一、实验内容及任务

（1）了解洞道式循环干燥器的结构、工作原理和操作方法。

（2）掌握在恒定干燥条件下湿物料干燥曲线的测定方法。

(3) 研究固体湿物料的干燥特性，绘制干燥曲线和干燥速率曲线。

(4) 熟悉现代化工测试仪表的使用。

二、实验原理

气流干燥是利用热能去除固体物料中湿分的一种单元操作。在气流干燥过程中，热空气将热能以对流传热方式传递给湿物料，物料表面上的水分汽化，并从表面以对流扩散方式向热空气传递。与此同时，物料内部与表面间产生水分差，物料内部水分以气态或液态形式向表面扩散，干燥初期由于物料含水量大，干燥受表面汽化控制，热空气传给物料的热量正好等于水分汽化所需的热量，物料的表面温度为空气的湿球温度，此时为恒速干燥阶段。随着干燥过程的进行，物料内部水分减少，向表面扩散的速率下降，干燥汽化面内移，表面温度上升，传热推动力下降，传入的热量除汽化水分外，还要提高物料温度，直至物料表面的水蒸气分压与热空气中的水蒸气分压相互平衡为止。

(1) 干燥速率是指在单位时间内汽化的湿分质量，其数学表达式为

$$u=-\frac{\mathrm{d}W}{\mathrm{d}\tau}=-\frac{G_{\mathrm{c}}\mathrm{d}X}{\mathrm{d}\tau} \tag{6-81}$$

式中，u 为干燥速率，kg/s；W 为汽化水分量，kg；G_{c} 为绝干物料量，kg；X 为湿物料的干基含湿量，kg水/kg绝干物料；τ 为干燥时间，s。

干燥速度又称干燥通量，是指单位时间内在物料单位面积上所汽化的湿分质量，其数学表达式为

$$N=-\frac{\mathrm{d}W}{A\mathrm{d}\tau}=-\frac{G_{\mathrm{c}}\mathrm{d}X}{A\mathrm{d}\tau} \tag{6-82}$$

式中，N 为干燥速度，kg/(m^2·s)；A 为干燥面积，m^2。

干燥过程中，传热速率和传质速率可表示为

$$q=\frac{\mathrm{d}Q}{A\mathrm{d}\tau}=h(t-\theta) \tag{6-83}$$

$$N=-\frac{\mathrm{d}W}{A\mathrm{d}\tau}=k_p(p_{\mathrm{i}}-p) \tag{6-84}$$

式中，q 为传热通量，W/m^2；Q 为传热量，J；t 为空气的温度，℃；θ 为物料表面温度，℃；h 为空气至物料表面对流传热系数，kW/（m^2·℃）；k_p 为传质推动力为 Δp 的对流传质系数，kg/(m^2·kPa·s)；p 为空气中湿分蒸气的分压，kPa；p_{i} 为物料表面处湿分蒸气的分压，kPa。

实验中干燥速度可按下式近似计算

$$N=-\frac{\Delta W}{A\Delta\tau}=\frac{G_1-G_2}{A\Delta\tau} \tag{6-85}$$

式中，$\Delta\tau$ 为干燥进行时间，s；ΔW 为 $\Delta\tau$ 时间内湿物料汽化的水分量，kg；G_1 为起始时刻湿物料质量，kg；G_2 为经 $\Delta\tau$ 时间后湿物料质量，kg。

(2) 湿物料试样置于恒定空气流中进行干燥，随着干燥时间的延长，水分不断汽化，湿物料质量减少。记录物料在不同时间下的质量 G，直到物料质量不变为止，也就是物料在该条件下达到干燥极限，此时留在物料中的水分为平衡水分 X^*。再将物料烘干后称量得到绝干物料质量 G_{c}，则物料的干基湿含量为

$$X=\frac{G-G_c}{G_c} \tag{6-86}$$

干燥速率受到热空气的温度和湿度、热空气的流动状态、物料的性质与尺寸以及物料与介质的接触方式等多种因素的影响。若这些因素均保持相对恒定，则物料的湿含量将只随干燥时间而降低，据此可绘制湿含量随干燥时间的推移而连续变化的关系曲线，此曲线称为干燥曲线，如图 6-26 所示；干燥速率或干燥速度随物料湿含量变化的关系曲线称为干燥速率曲线，如图 6-27 所示。

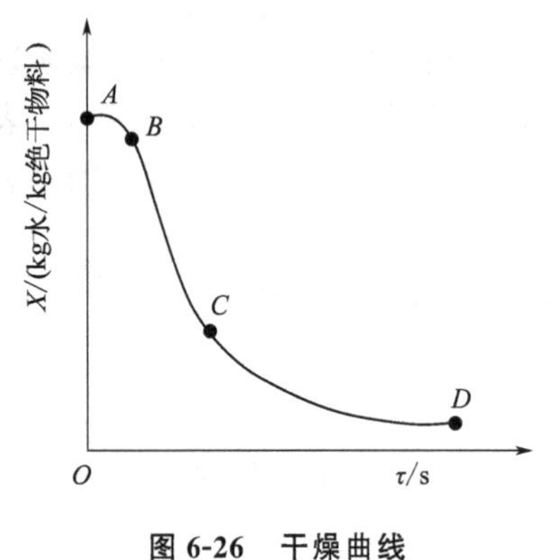

图 6-26　干燥曲线

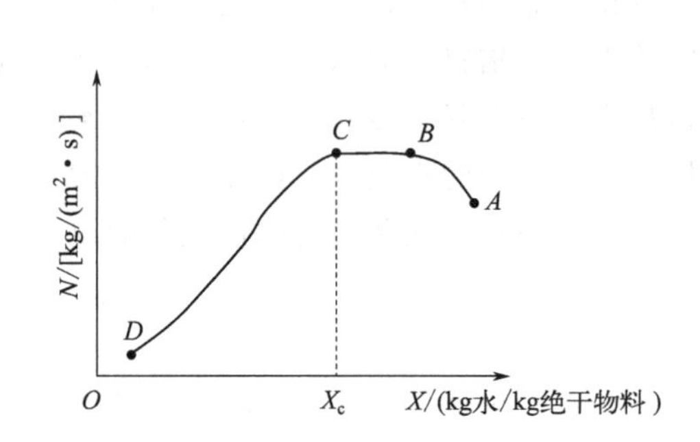

图 6-27　干燥速率曲线

三、实验装置和流程

（1）实验装置流程。干燥实验装置为洞道干燥器。空气由风机送出，通过孔板流量计计量后经空气预热器加热变成热空气，热空气进入洞道干燥器内与湿物料进行热量传递和质量传递，然后返回到风机进口，循环使用。湿物料由称重传感器测其随时间的质量变化，其装置示意图如图 6-28 所示。

（2）设备及仪表

① 设备：洞道干燥器、风机、空气预热器、边界层箱，仪表控制箱。

② 仪表：微差压计、温度传感器、湿度传感器、称重传感器、孔板流量计、差压变送器、位移器。

③ 控制箱：记录仪、称重仪、温控仪、设备和仪表控制模块。

四、实验操作要点

（1）理清流程，熟悉测试仪表的使用方法，准备好湿物料，检查并全开蝶阀 2，蝶阀 1、4 关闭。

（2）依次启动控制箱面板上的总电源、仪表电源、风机和称重仪，让冷空气进入空气预热器 18，预热后的热空气进入洞道干燥器，热空气循环使用。

（3）设定温控仪的温度，如 50℃，启动空气预热器，观察洞道干燥器内的温度变化，升温至设定温度。

（4）当洞道干燥器内温度恒定后，观察称重传感器的显示是否为零，若不为零，置为零。将湿物料放入干燥器内，记录其总质量，同时计时。特别注意放湿物料时要轻拿轻放，不能用力过猛，因称重传感器的测量上限为 200g，用力过大容易损坏称重传感器。

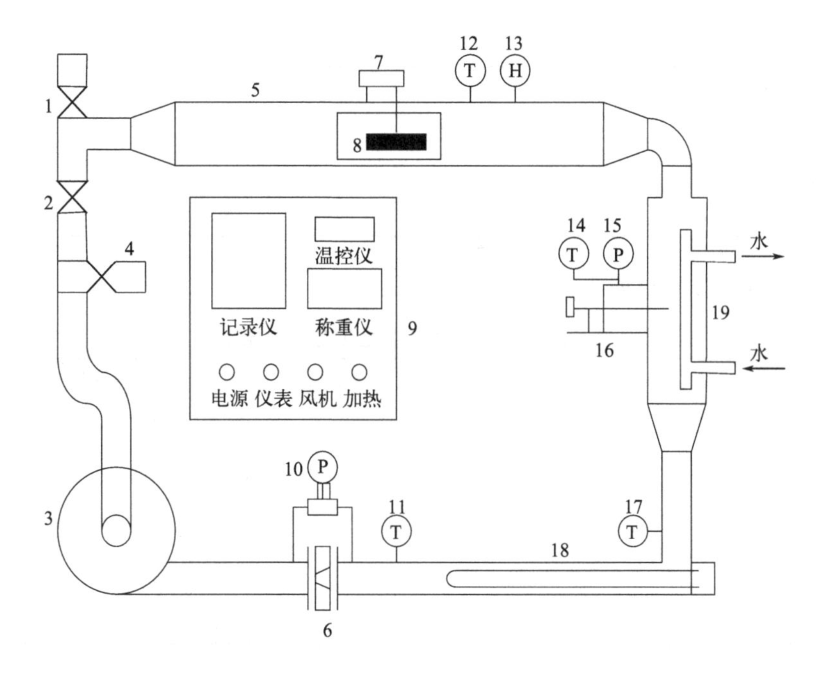

图 6-28 洞道式气流干燥实验装置示意

1，2，4—蝶阀；3—风机；5—洞道干燥器；6—孔板流量计；7—称重传感器；8—湿物料；9—控制箱；10—差压变送器；11，12，14，17—温度传感器；13—湿度传感器；15—微差压计；16—位移器；18—空气预热器；19—边界层箱

(5) 每失重 0.4g，记录一次干燥时间，或每分钟记录一次湿物料量。

(6) 待湿物料恒重时，即为实验终了时，关闭空气预热器，关闭称重仪。

(7) 待温度降到 50℃以下，关闭风机和仪表，注意保护称重传感器，小心地取下湿物料，设备恢复到起始状态，经指导教师同意后方可离开。

安全注意事项：

① 在实验操作过程中，注意电的安全。

② 特别注意称重传感器的负荷仅为 200g，放取湿物料时必须小心，绝对不能下压，以免损坏称重传感器。

③ 实验中，不要碰干燥器面板，以免引起湿物料晃动，影响结果。

④ 干燥器内温度设定不能过高，避免放取物料时手被热空气烫伤。

五、实验数据记录和处理

(1) 实验数据记录参考表格如表 6-19 所示。

表 6-19 气流干燥实验数据记录参考表

实验装置号：________；实验日期：________；室温：________℃；物料：________；

物料尺寸（长×宽×高）：________________；干燥箱内温度：________℃；

干燥面积：________ m^2；湿物料起始量：________ g；绝干物料量：________ g。

序号	湿物料量 G/g	分段时间 $\Delta\tau$/s	累积时间 τ/s	备注
1				
2				

续表

序号	湿物料量 G/g	分段时间 $\Delta\tau$/s	累积时间 τ/s	备注
3				
⋮				
16				

（2）数据处理参考表格如表6-20所示。

表6-20　气流干燥实验数据处理参考表

序号	湿含量 X/(kg湿分/kg绝干)	分段时间 $\Delta\tau$/s	累积时间 τ/s	干燥速度 N/[kg/(m^2·s)]	备注
1					
2					
3					
⋮					
16					

六、实验思考与讨论问题

（1）分析影响干燥速率的因素有哪些。

（2）为什么在干燥操作中要先开风机，然后再通电加热空气预热器中的空气？

（3）在洞道干燥器内物料干燥相当长的时间后能否得到绝干物料？

（4）实验中能否确定平衡水分是多少？临界湿含量是多少？

（5）通过本实验装置能否测定恒速阶段的对流传热系数？

实验十一　喷雾干燥实验

一、实验内容及任务

（1）熟悉喷雾干燥装置的结构，会操作喷雾干燥器。

（2）测定喷雾干燥装置的汽化强度，确定干燥介质消耗量。

二、实验原理

喷雾干燥是用气流雾化器或离心雾化器将稀溶液（如湿含量为75%～80%以上的溶液、悬浮液、浆或熔融液等）喷成雾滴（雾滴直径为10～60μm），并迅速分散在热气流中，湿分汽化而达到固体产品的干燥过程。

由于喷雾干燥过程具有很大的汽化表面，每升料液通常有100～600m^{2}的蒸发面积，因此，所需的干燥时间短，一般只需3～10s，故此干燥装置特别适宜于热敏性物质的干燥。因干燥室内无补充加热，物料被干燥的时间又短，装置隔热良好，热损失小，喷雾干燥过程可视为理想干燥过程。

实验采用含水量约80%的料浆液，喷雾干燥过程中物料与介质之间的湿分蒸发量为

$$W=\frac{G_c(w_1-w_2)}{1-w_2} \tag{6-87}$$

湿分蒸发强度为

$$W'=\frac{W}{V} \tag{6-88}$$

式中，W 为单位时间内的蒸发湿分量，kg/s；W'为单位时间内单位干燥器体积的蒸发湿分量，kg/(m^3 · s)；V 为喷雾干燥室容积，m^3；G_c 为加入干燥器的原料液量，kg/s；w_1、w_2 为料液干燥前、后的湿含量（湿基），kg 湿分/kg 溶液。

空气消耗量 V_0(m^3/s) 为

$$W=L(H_2-H_1) \tag{6-89}$$

$$V_0=LV_H \tag{6-90}$$

式中，L 为绝干空气流量，kg/s；V_0 为进加热器前空气流量，m^3/s；V_H 为进加热器前湿空气的比容，m^3/kg 绝干空气；H_1、H_2 为空气进入、离开干燥室的湿度，kg 湿分/kg 绝干空气。

三、实验装置和流程

(1) 喷雾干燥实验流程。喷雾干燥实验装置示意图如图 6-29 所示，空气经鼓风机进入环状电加热器加热至 100～200℃进入干燥室，料液由料液储槽经调节阀进入离心雾化器或气流雾化器后在干燥室内与热空气接触进行传热传质。料液中的湿分快速汽化，料液结晶转化为干燥的固体颗粒，干燥的固体颗粒经旋风分离器分离后，由产品储槽收集固体产品，废气则从旋风分离器顶部中心管排出。

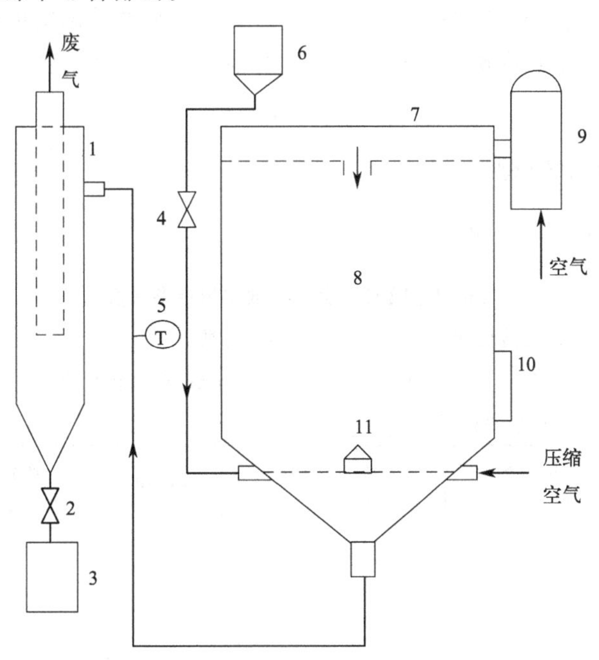

图 6-29　喷雾干燥实验装置示意

1—旋风分离室；2—蝶阀；3—产品储槽；4—料液调节阀；5—温度计；6—料液储槽；7—环状电加热器；8—喷雾干燥室；9—鼓风机；10—控制器；11—气流雾化器

（2）设备及仪表

① 干燥室：圆钢体为 ϕ1500mm×1000mm 不锈钢。

② 其他设备：鼓风机、雾化器、旋风分离器、产品储槽、料液储槽。

③ 仪表：温度计。

④ 控制器：温度控制器、仪表和设备控制模块。

四、实验操作要点

（1）理清装置流程，熟悉压缩机、鼓风机、测试仪表的使用。

（2）配制料液，称取一定的固体物料约 300g，用清水稀释至 2000～3000mL，分批加入料液槽中，与此同时另取该物料 10～20g，用称量衡重方法测定物料的湿含量，待此数据测出后，计算出料液浓度（或湿分量）。

（3）启动鼓风机、环状电加热器，调节加热功率，将干燥室温度升至 100～200℃，并稳定在所控温度值内。

（4）开启压缩机，控制在一定压力范围内；开启料液调节阀均匀滴加料液至雾化器，和压缩空气混合喷射进入干燥室雾化，与热空气接触进行干燥，此时从观察罩处可视料液的雾化状况，并读取气流出干燥器的温度。

（5）开启干物料控制阀（蝶阀），收集干燥产品，与此同时，应取 10～20g 产品样，用称量衡量法测出产品含湿量。

（6）所有实验数据采集完后，称出物料总量，经指导教师同意，关闭电加热器、关闭风机、压缩机和总电源。

（7）在实验操作过程中，应保持干燥室、气流离开干燥器的温度恒定；应保持加入到雾化器的料液量恒定；为了较准确地称量产品，实验前后均必须清洁整个实验装置，并在加料前在恒定条件下预热 3～5min。

五、实验数据记录和处理

（1）实验数据记录参考表如表 6-21 所示。

表 6-21 喷雾干燥实验数据记录参考表

实验装置号：________；实验日期：________；实验介质：________；

干燥室内温度：________℃；干燥室内径：________mm；产品物料量：________g；

加料时间：________s；料浆湿含量：________g。

序号	加热功率 N/kW	喷料量 G_c/(g/s)	压缩空气压力 p/MPa	湿分量 W/g	产品湿含量 X/(kg 湿分/kg 溶液)	…
1						
2						
3						
⋮						

（2）数据处理。与前面气流干燥实验数据处理方法类似。

六、实验思考与讨论问题

（1）分析影响喷雾干燥速率的因素有哪些。

（2）为什么在干燥操作中要先开风机，而后再通电加热？

（3）在干燥室内物料干燥相当长的时间后能否得到绝干物料？

（4）实验测定物料的含量是相对值还是绝对值？为什么？

（5）提高干燥器的汽化强度，应采取哪些措施？

实验十二　流化床干燥实验

一、实验内容及任务

（1）了解流化床干燥器的结构及操作方法。

（2）测定一定干燥条件下湿物料的干燥曲线和干燥速率曲线。

（3）掌握湿物料干燥速率曲线的测定方法。

（4）考察热空气流速、温度对干燥速率的影响。

二、实验原理

干燥是重要的化工单元操作，在化工、轻工、医药、食品等行业中广泛应用，流化床干燥器又称沸腾床干燥器，是流态化技术在干燥领域中的应用。流化床干燥操作指热气体穿过流化床底部的多孔气体分布板，将颗粒湿物料流化，同时将热量传给颗粒湿物料，使颗粒湿物料中的水分蒸发分离的操作。流化干燥操作同时伴有传热和传质，过程比较复杂，目前仍依赖于实验解决干燥问题。

按干燥过程中空气状态参数是否变化，可将干燥过程分为恒定干燥条件操作和非恒定干燥条件操作两大类。若用大量空气干燥少量物料，则可认为热空气在干燥过程中温度、湿度均不变，气流速度以及气流与物料的接触方式不变，则这种操作为恒定干燥条件下的操作。

确定湿物料的干燥条件，例如已知干燥要求，当干燥面积一定时，确定所需干燥时间；或干燥时间一定时，确定所需干燥面积。因此必须掌握干燥特性，即干燥速率曲线。将湿物料置于一定的干燥条件下，即有一定湿度、温度和速度的大量热空气流中，测定被干燥物料的质量和温度随时间的变化，如图 6-30 所示。

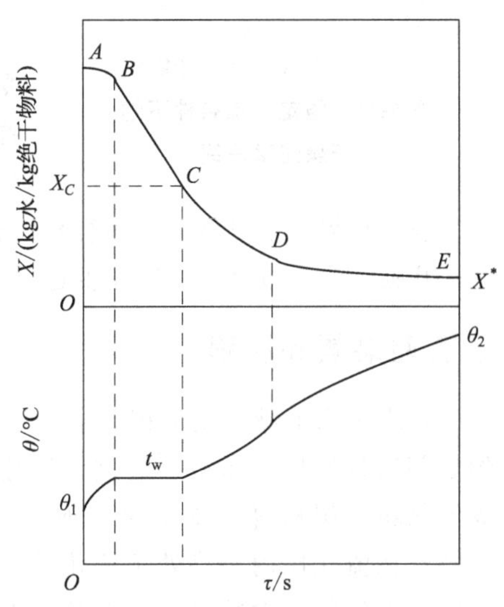

图 6-30　恒定干燥条件下物料的干燥曲线

干燥过程可分为三个阶段：AB 为物料预热阶段；BC 为恒速干燥阶段；CDE 为降速干燥阶段。在预热阶段，热空气向物料传递热量，物料温度上升。当物料表面温度达到湿空气的湿球温度，传递的热量只用来蒸发物料表面水分，其干燥速率不变，为恒速干燥阶段，此时物料表面存有液态水。当物料表面不存在液态水时，水分由物料内部向表面扩散，其扩散速率若小于水分蒸发速率，物料表面变干，表面温度开始上升，为降速干燥阶段，最后物料的含水量达到该空气条件下的平衡含水量 X^*。恒速干燥阶段与降速干燥阶段的交点为临界含量 X_C。

干燥速率是指在单位时间内汽化的湿分质量，干燥速度是以单位时间内在物料单位面积上所汽化的湿分质量来表示。在恒速干燥阶段，干燥速度受表面汽化控制，其干燥速度可用下式计算

$$N=-\frac{dW}{A d\tau}=-\frac{G_c dX}{A d\tau}=\frac{h}{r_w}(t-t_w)=k_H(H_w-H) \tag{6-91}$$

式中，N 为干燥速度，kg/(m² · s)；W 为汽化水分量，kg；G_c 为绝干物料量，kg；X 为湿物料的干基含湿量，kg 水/kg 绝干物料；A 为干燥面积，m²；τ 为干燥时间，s；t 为空气的温度，℃；t_w 为空气湿球温度，℃；h 为空气至物料表面对流传热系数，kW/(m² · ℃)；r_w 为在 t_w 下的汽化潜热，kJ/kg；H 为空气湿度，kg 水/kg 绝干气；H_w 为空气在 t_w 下的饱和湿度，kg 水/kg 绝干气；k_H 为以湿度差为推动力的传质系数，kg/(m² · s)。

干燥速度也可用单位绝干物料在单位时间内所汽化的水分量表示为

$$u=-\frac{dW}{G_c d\tau}=-\frac{dX}{d\tau} \qquad [\text{kg 水/(kg 绝干物料} \cdot \text{s)}] \tag{6-92}$$

式中，G_c 为绝干物料质量，kg。

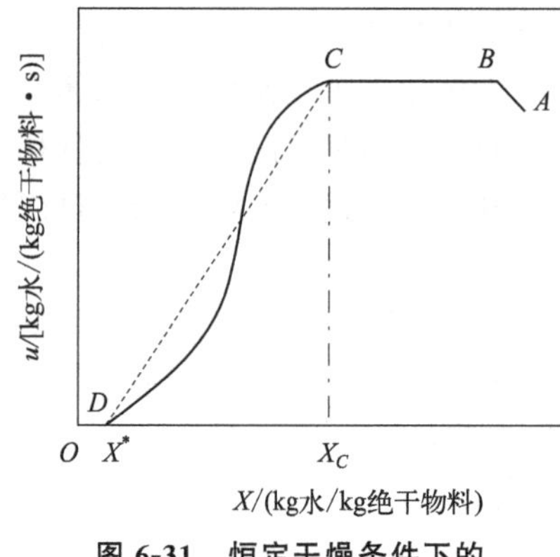

图 6-31 恒定干燥条件下的干燥速率曲线

以干燥曲线图中含水量 X 对时间的斜率（u）对 X 标绘曲线，即得干燥速率曲线，如图 6-31 所示。

随着干燥过程的进行，物料内部水分减少，向表面扩散的速率下降，干燥汽化面内移，表面温度上升，传热推动力下降，传入的热量除汽化水分外，还要提高物料温度，干燥速度受内部扩散控制，在干燥速率曲线上表现为降速阶段，直至物料表面的水蒸气分压与热空气中的水蒸气分压相互平衡为止。

应该注意，干燥特性曲线、临界含水量均明显地受到物料和热空气的接触状态（与干燥器种类有关）、物料大小、形态的影响。例如，对于粉状物料，一粒粒呈分散状态在热空气中进行干燥时，其干燥面积大，一般其临界含水量低，干燥容易；若呈堆积状态，使热空气平行流过堆积物料表面进行干燥，其临界含水量高，干燥速度也慢。

三、实验装置和流程

（1）流化床干燥实验流程。空气通过空气预热器成为热空气，作为干燥介质，从流化床的底部通过气体分布板均匀进入流化床。实验用干燥物料为 30～40 目变色硅胶和水配制成湿物料，湿物料从流化床的加料口加入，放置于流化床的分布板上，通过控制气速使湿物料在流化床内始终处于流化状态，与热空气进行热量和质量的传递。流化干燥中被气体带出的细小颗粒经旋风分离器后重新回到流化床内，流化干燥后的物料从卸料口排出，实验装置示意图如图 6-32 所示。

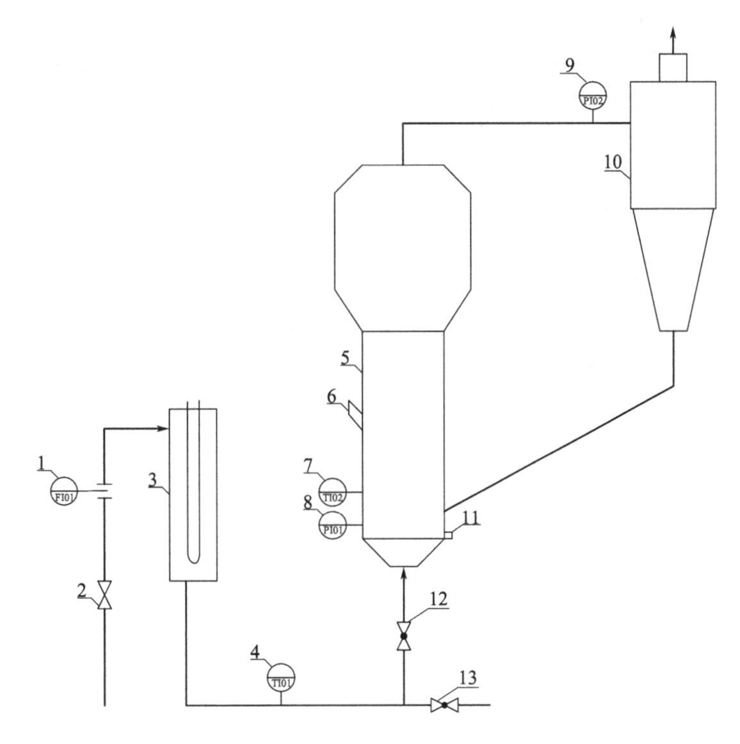

图 6-32　流化干燥装置示意

1—孔板流量计；2—闸阀；3—空气预热器；4，7—温度传感器；5—流化床；6—加料口；
8，9—差压传感器；10—旋风分离器；11—卸料口；12—球阀；13—排空阀

（2）设备及仪表

① 流化床：下节是 ϕ315mm×800mm 不锈钢筒体（带气体分布板），上节是 ϕ450mm×900mm 不锈钢筒体。

② 其他设备：鼓风机、空气预热器和旋风分离器。

③ 仪表：温度传感器、差压变送器、孔板流量计。

④ 控制柜：触摸显示屏、温控器和设备、仪表控制模块。

四、实验操作要点

（1）启动总电源和仪表电源，检查仪表显示正常，所有阀门处于关闭状态。

（2）通过加料口加入颗粒物料，开启球阀 12，接通气源并通过闸阀 2 缓慢调节风量，使流化床中的颗粒物料处于良好的流化状态。

（3）在加料口通过加水器加入适量的水，同时保持流化床内的颗粒物料处于流化状态，注意注入的水流速度不宜过大。

（4）开启排空阀 13、关闭球阀 12，设定空气预热器的温度，启动电加热器预热空气。预热空气到设定值时，开启球阀 12，关闭排空阀 13，开始计时。

（5）在气体的流量和温度维持一定的条件下，每隔一定时间记录床层温度，并取样分析固体物料的含水量。

（6）固体物料取样时，取样器从卸料口推入，随即拉出即可。

（7）重复上述实验步骤（5）、（6）进行实验，观察床层温度直至无明显升高，或者待干

燥物料恒重时可停止实验。

（8）实验停止步骤：关闭空气预热器的加热电源，停止加热，待气体温度下降后停止送风，关闭仪表电源和总电源，恢复到开始状态。

（9）当实验完毕时，可将吸尘器伸入流化床内，吸出全部颗粒物料。

五、实验数据记录和处理

（1）实验数据记录参考表格如表 6-22 所示。

表 6-22　流化床干燥实验数据记录参考表

实验装置号：__________；实验日期：__________；实验介质：__________；

空气流量：__________ m^3/h；空气进口温度：__________℃；空气相对湿度：__________%；

加热功率：__________ kW；流化床直径：__________ mm；床层高度：__________ mm。

项目	1	2	3	4	5	6	…
试样瓶质量 G_1/g							
样品与试样瓶质量 G_2/g							
样品干料与试样瓶质量 G_3/g							
样品质量 G_4/g							
样品中湿分质量 G_5/g							
湿分质量 W/g							
干燥时间 τ/s							
床层温度 t/℃							

注：每隔 5 分钟测试一个数据，取样物料放入烘箱中在 105℃下烘烤 1 小时。

（2）数据处理。与前面气流干燥实验数据处理方法类似，数据处理表参照表 6-20 的格式自行拟定。

六、实验思考与讨论问题

（1）在 70～80℃的空气流中干燥，经过相当长的时间，能否得到绝对干料？

（2）测定干燥速率曲线的意义何在？

（3）有一些物料在热气流中干燥，要求热空气相对湿度要小，而有一些物料则要在相对湿度较大些的热气流中干燥，这是为什么？

（4）为什么在操作中要先开鼓风机送风，而后再通电加热？

（5）什么是恒定干燥条件？本实验中采用哪些措施来保持干燥过程在恒定干燥条件下进行？

实验十三　萃取实验

一、实验内容及任务

（1）了解振动萃取塔的结构，熟悉萃取操作。

（2）测定萃取过程中的分配系数和萃取塔的分离效率。

(3) 掌握振动萃取塔性能的测定方法。

二、实验原理

液-液萃取是分离液体混合物的一种单元操作。在分离的两组分混合溶液中加入一种与其不互溶或部分互溶的溶剂，形成液-液两相系统，由于该溶剂对混合溶液的某一组分具有特别显著的溶解度而形成另一种新的混合溶液，从而实现原混合溶液中的两组分得以完全或部分的分离，此过程称为液-液萃取或萃取。

液-液萃取实质上是物质由一液相向另一液相的传递过程。混合液中被分离出的物质称为溶质，混合液中除溶质以外的部分称为稀释剂或原溶剂，萃取过程中加入的溶剂称为萃取剂。所选萃取剂对溶质具有较大的溶解能力，对于稀释剂应不互溶或部分互溶。

液-液萃取过程与所选的萃取剂密切相关，选择适当的萃取剂是提高萃取过程经济性的重要因素之一，选择萃取剂时考虑的重要因素之一是分配系数。

分配系数是在一定温度下，溶质 A 组分在互成平衡两相中的浓度比，即

$$k_A=\frac{\text{溶质 A 在萃取相中的组分}}{\text{溶质 A 在萃余相中的组分}}=\frac{y_A}{x_A} \tag{6-93}$$

k_A 表达了两相平衡时组分 A 的浓度关系，故又称为平衡系数。

萃取设备的分离效率为

$$\eta=\frac{\text{理论级数}}{\text{实际级数}}=\frac{Ne}{N} \tag{6-94}$$

要提高 η，就必须要让混合溶液与萃取剂充分接触与分离。萃取设备就是用来提供完成混合-分离过程的场所，常见的萃取设备有混合-澄清器、转盘塔、振动筛板塔、离心萃取器、静态混合器等。

实验采用的萃取设备是振动筛板塔，塔内筛板随连接中心轴上下运动，使分散相穿过筛板时被切割成较小的液滴，增强两相的相对运动，增大液-液萃取的传质速率。

实验以水为萃取剂，从煤油中萃取苯甲酸，苯甲酸在煤油中的浓度约为 2%(质量分数)。水相为萃取相（用字母 E 表示，在本实验中又称连续相、重相)，煤油相为萃余相（用字母 R 表示，在本实验中又称分散相、轻相)，如图 6-33 所示。在萃取过程中苯甲酸部分地从萃余相转移至萃取相。萃取相及萃余相的进出口浓度可由容量分析法测定。考虑水与煤油是完全不互溶的，且苯甲酸在两相中的浓度都很低，可认为在萃取过程中两相液体的体积流量不发生变化。

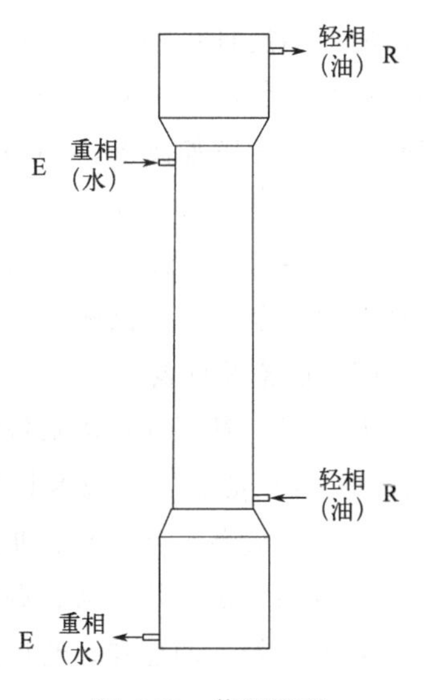

图 6-33 萃取原理

(1) 按萃取相计算的传质单元数 N_{OE} 计算公式为

$$N_{OE}=\int_{Y_{Et}}^{Y_{Eb}}\frac{dY_E}{Y_E^*-Y_E} \tag{6-95}$$

式中，Y_{Et}为苯甲酸在进入塔顶的萃取相中的质量比组成，kg 苯甲酸/kg 水；本实验中 $Y_{Et}=0$。Y_{Eb}为苯甲酸在离开塔底萃取相中的质量比组成，kg 苯甲酸/kg 水；Y_E 为苯甲酸在塔内某一高度处萃取相中的质量比组成，kg 苯甲酸/kg 水；Y_E^* 为与苯甲酸在塔内某一高度处萃余相组成 X_R 成平衡时萃取相中的质量比组成，kg 苯甲酸/kg 水。

用 $Y_E \sim X_R$ 图上的分配曲线（平衡曲线）与操作线可求得$\frac{1}{Y_E^*-Y_E} \sim Y_E$ 关系。再进行图解积分或用辛普森积分可求得 N_{OE}。

（2）按萃取相计算的传质单元高度 H_{OE}计算公式为

$$H_{OE}=\frac{H}{N_{OE}} \tag{6-96}$$

式中，H 为萃取塔的有效高度，m；N_{OE}为按萃取相计算的传质单元数。

（3）按萃取相计算的体积总传质系数计算公式为

$$K_{YE}a=\frac{S}{H_{OE}\Omega} \tag{6-97}$$

式中，S 为萃取相中纯溶剂的流量，kg/h；Ω 为萃取塔截面积，m^2；$K_{YE}a$ 为按萃取相计算的体积总传质系数，kg 苯甲酸/($m^3 \cdot s$)。

同理，本实验也可以按萃余相计算 N_{OR}、H_{OR}及 $K_{XR}a$。

三、实验装置和流程

（1）萃取实验流程。本实验主要设备为振动式萃取塔，又称往复式振动筛板塔，在萃取塔的上、下两端各有一个沉降室，萃取传质段的中心轴上固定了一系列的筛板，并与塔顶的曲柄连杆机构连接，中心轴以一定的频率带动筛板做上、下往复运动，重相和轻相在往复式脉动外力作用下，两相经筛板密切接触且发生强制性的相对流动进行传质，实验装置示意图如图 6-34 所示。连续相（水和其他液体的混合溶液）从料槽经往复式计量泵送到塔顶加入，在萃取塔内连续向下流动至底部排出到萃取相溶液储槽；轻相（煤油或其他溶剂）从储槽经往复式计量泵输到塔底部加入，在萃取塔内分散向上流动至塔顶排出到萃余相溶液储槽。

（2）设备及仪表

① 设备：往复式振动筛板塔，塔体是 ϕ50mm×2000mm 有机玻璃塔，内装 23 个筛板，筛板固定在中心轴上，塔体上下均有一个沉降室。

② 其余设备：计量泵、曲柄连杆机构及溶液储槽。

③ 仪表：温度传感器、涡轮流量计。

④ 控制箱：调速器、巡检仪及设备、仪表控制模块。

四、实验操作要点

（1）根据实验任务要求，熟悉实验设备流程、取样及有关分析仪器的使用方法，找到实验数据测试点。

（2）在煤油中加入苯甲酸配制一定的浓度约为 2%(质量分数，取样分析确定）轻相混合溶液；准备一定体积的纯重相萃取剂水（取样分析无杂质）。

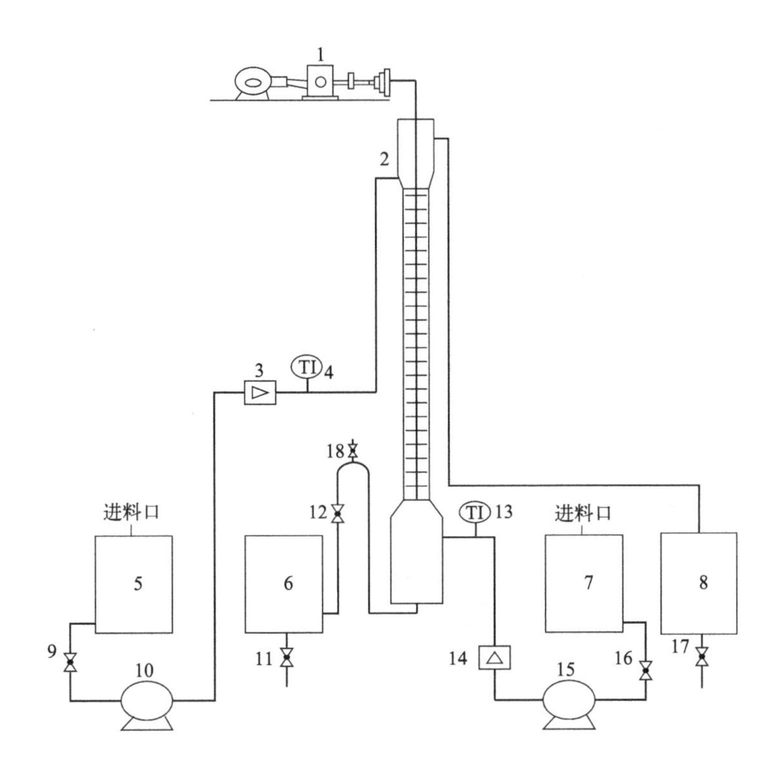

图 6-34　萃取实验装置示意

1—曲柄连杆机构；2—萃取塔；3，14—涡轮流量计；4，13—温度传感器；5—重相混合液料槽；
6—萃取相溶液储槽；7—轻相溶剂储槽；8—萃余相溶液储槽；9，11，12，16，17—控制阀；
10—重相计量泵；15—轻相计量泵；18—排空阀

(3) 启动总电源和仪表电源，关闭控制阀 12，开启控制阀 9，启动重相计量泵，直至重相水灌到萃取塔上半部分的沉降室处，关闭重相计量泵。开启控制阀 16，启动轻相计量泵，待塔顶沉降室颈部形成明显的两相分界面。

(4) 开启重相计量泵，调节控制阀 12，在塔顶沉降室形成明显的两相分界面，注意两相流量按质量比 1∶1 要求进行调节。塔底部和塔顶部出现一定高度的萃取相和萃余相，并稳定地分别向萃取相和萃余相溶液储槽输送后，用试管抽取萃取相和萃余相进行溶液组成分析，以确定萃取相浓度 y_A 和萃余相浓度 x_A。

(5) 调节电机频率，改变转速，在 0～200r/min 内合理分配实验点。

(6) 每次取样前均应有一相对稳定阶段，即溶液和溶剂加入的量、操作压力等均需稳定 20 分钟后方可取样分析。

(7) 分析样品时，应按分析仪器的操作规程进行。

(8) 所有实验数据测取完毕后，同时停轻相计量泵，塔顶轻相排尽后，调节电机振动频率为零，停重相计量泵，待塔内溶液排尽后关闭控制阀 12。最后关闭仪表电源和总电源，回复到起始状态。

五、实验数据记录和处理

(1) 实验数据的记录和处理参考表如表 6-23 所示。

表 6-23　数据记录和处理参考表

实验装置号：__________；实验日期：__________；实验介质：__________；

萃取塔塔高：__________m；筛板数：__________；筛板振幅：__________mm。

项目		1	2	3	4	5
转轴转数/(r/min)						
萃取相流量/(L/h)						
萃余相流量/(L/h)						
NaOH 浓度/(mol/L)						
塔顶轻相出口含量	样品体积/mL					
	NaOH 用量/mL					
塔底轻相入口含量	样品体积/mL					
	NaOH 用量/mL					
塔底轻相出口含量 X_{Eb}/(kg 苯甲酸/kg 煤油)						
塔顶轻相入口含量 X_{Et}/(kg 苯甲酸/kg 煤油)						
塔底重相入口含量 Y_{Eb}/(kg 苯甲酸/kg 水)						
塔顶重相出口含量 Y_{Et}/(kg 苯甲酸/kg 水)						
推动力 ΔX_m						
传质单元数 N_{OE}						
传质单元高度 H_{OE}/m						
总传质系数 $K_Y a$/[kg 苯甲酸/(m^3·s)]						
效率 η						

（2）实验数据处理步骤及方法与前面吸收实验相似，本实验在计算理论级时，采用作图法为好（逐级计算较麻烦），且分配系数采用平均值。

六、实验思考与讨论问题

（1）试比较萃取实验与精馏实验有哪些异同。

（2）分析实验过程中影响萃取操作分配系数和效率的因素。要提高它们，可采取哪些有效措施？

（3）对液-液萃取过程来说是否外加能量越大越有利？

（4）什么是萃取塔的液泛？在操作中如何确定液泛速度？

7 化工原理远程实验

化工原理实验与计算机技术相结合可弥补传统实验教学的不足，利用计算机技术和网络通信技术实现人和设备远程互联，采用计算机在线采集实验数据和自动控制系统，改变化工原理实验的手工操作，使之更接近现代化工生产过程。通过互联网在计算机上做实验，熟悉实验内容和原理，远程操作控制实验装置，进行数据采集和处理，完成远程实验。

计算机数据在线采集和远程控制系统由硬件和软件两部分构成。硬件包括被测对象、计算机、输入输出设备等，被测对象是化工原理实验装置，就地计算机是桥梁，实现被测对象与用户终端连接，如图 7-1 所示。软件分为系统软件和应用软件两部分，系统软件由计算机生产厂家提供，应用软件由用户根据任务要求自行开发研制而成。用户终端可以是计算机或手机等通信设备，通过网络技术与就地计算机连接，就地计算机有机地集成数字/模拟智能转换控制模块，控制被测对象，实现数据采集。通过互联网用户在终端电脑界面上操作就地计算机，控制被测对象实现实验操作调节，远程采集实验仪表的数据，按自己的设计方案调节参数进行实验。

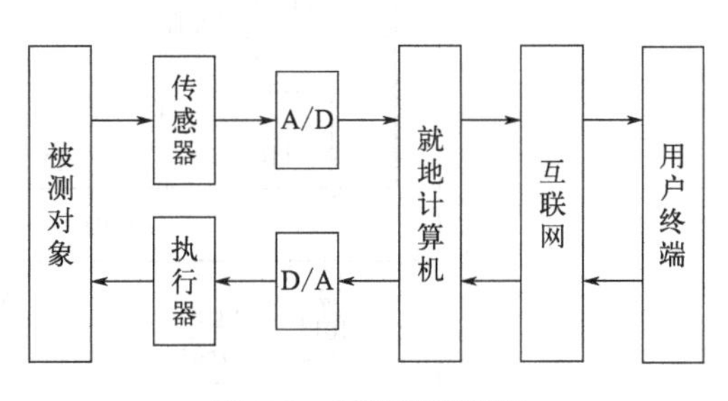

图 7-1 远程控制系统

用户通过远程操作采集实验数据，实验数据可靠、准确，并能及时处理，得到实验结果，用户根据实验结果调整下一步的操作。用户也可就地现场操作，教师远程监控学生的实验情况，分析学生实验过程是否存在安全隐患，实现远程紧急处理，避免安全事故的发生。

一、远程实验内容

（1）流体力学远程实验；（2）传热远程实验；

（3）吸收远程实验；（4）精馏远程实验。

二、远程实验操作

以流体力学远程实验操作为例进行简要阐述。

流体力学远程实验不仅要完成前面第 6 章实验一的实验内容，而且要熟悉实现这些实验项目的方法和手段，理解远程控制原理。如实验内容及任务要求之一是在一定转速下测定离心泵特性曲线。实验中调节变量为流量，采集参数为流量、功率、温度和离心泵进出口之间的压差。原实验装置全为手动控制闸阀来调节流量，现安装电动执行器来调节流量，或通过变频器改变离心泵的转速来调节流量，流体的流量采用电磁流量计或质量流量计计量；流体流经离心泵进出口之间的压降通过差压变送器测定；管路中所有阀门均采用电磁阀。其远程实验装置示意图如图 7-2 所示。就地计算机对流体力学实验装置进行现场自动化控制，采集流量或压差、温度等数据，就地显示并远传，用户终端对就地计算机进行远程控制完成所有实验数据的采集。

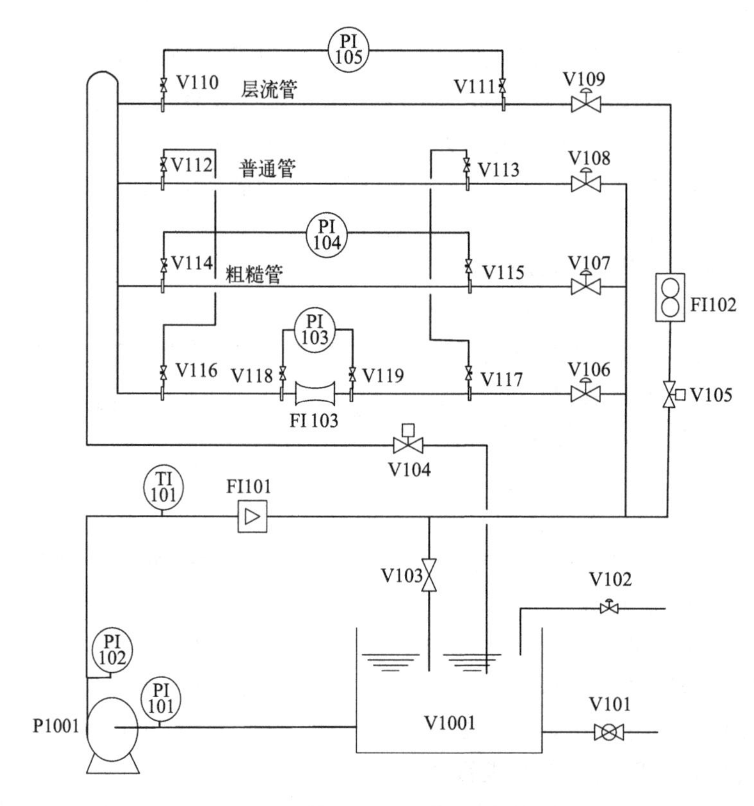

图 7-2　流体力学远程实验装置示意

P1001—离心泵；V1001—水箱；PI101，PI102—压力传感器；PI103，PI104，PI105—差压传感器；FI101—电磁流量计；FI102—质量流量计；FI103—文丘里流量计；TI101—温度传感器；V104，V105—电动调节阀；V102，V106，V107，V108，V109—电磁阀；V110，V111，V112，V113，V114，V115，V116，V117，V118，V119—电磁切换阀；V103—流量调节阀；V101—排空阀

（1）实验现场准备

① 实验采用水作为流体介质，实验过程中保持水箱里的水位始终高于离心泵出口法兰

位置，流体水通过离心泵输送各管路后又回到水箱，循环使用。

② 检查现场仪表、设备运行正常。

③ 就地计算机启动，检查网络通信正常。

（2）用户操作界面。用户启动应用软件后登录系统界面如图 7-3 所示，输入用户信息后点击“开始实验”，进入远程操作界面如图 7-4 所示。此界面与就地计算机所示界面一样，操作和控制流体力学实验装置。

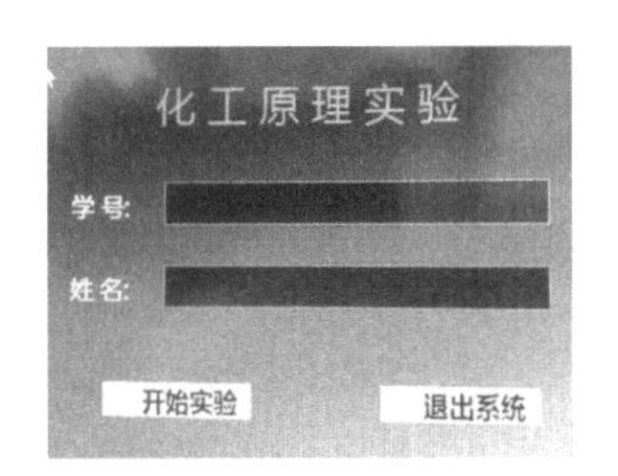

图 7-3　登录系统界面

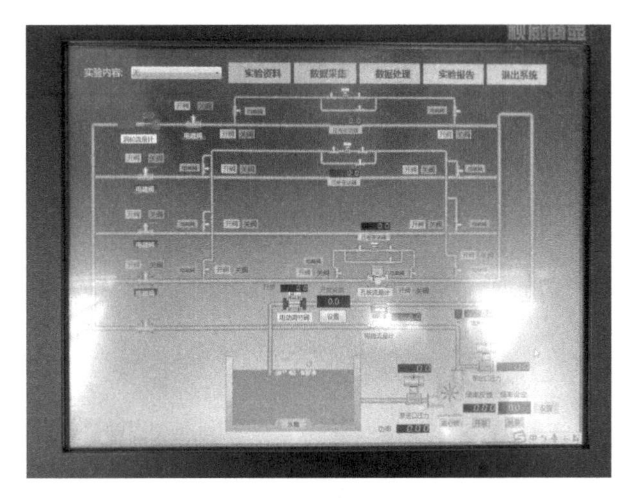

图 7-4　远程操作界面

系统功能包含实验内容、实验资料、数据采集、数据处理、实验报告和退出系统。实验内容包含直管阻力测定、离心泵性能测定或流量计标定，默认为无。实验资料含设备、仪表参数、实验原理。数据采集含远程实时采集并保存，每一组数据保存后才能进行数据处理，并展示实验结果。实验数据采集完毕后，自动生成实验报告，及时判定实验结果，给出成绩评定。

① 远程实验操作类似于仿真实验操作，在远程操作界面中，首先选择实验内容，如选择离心泵性能测定，系统自动检测设备，开启各管路的电磁阀，进入准备状态。

② 设定离心泵频率，输入“0～50”中任一数值，如 40，点击“设置”按钮，确定输入频率 40Hz，点击“开泵”按钮启动离心泵。

③ 设定电动调节阀的开度，在开度设置框内输入 100，点击下方的“设置”按钮，此时电动调节阀全开，0 为全关闭，其值的变化可在 0～100 之间任意调节。通过电动调节阀来控制流量，其开度 100 时流量最大，0 时流量为零。

④ 在电动调节阀开度为 100 时，观察管路系统的流量变化，稳定流动几分钟后，点击上方功能模块“数据采集”，弹出对话框，采集测定流量、功率、离心泵进出口压力和流体温度等参数并保存数据。

⑤ 根据自己的实验规划，改变电动调节阀的开度来调节流量，重复采集多组离心泵性能测定参数，点击保存。

⑥ 点击“数据处理”，立即弹出数据结果表和离心泵特性曲线图，分析采集的数据是否合理。

⑦ 点击“实验报告”，弹出一份规范的离心泵测试报告，完成离心泵的性能测定，此时可选择其他实验内容做相应的实验。

当所选实验内容做完后，调节电动调节阀开度为0，设定离心泵频率为0，点击“关泵”按钮关闭离心泵完成实验，点击“退出系统”，用户的所有实验信息自动保存存档，随时可以查阅。

附　录

附录一　常用物理量单位和量纲

物理量的名称	SI 单位		
	单位名称	单位符号	量纲
长度	米	m	[L]
时间	秒	s	[T]
质量	千克(公斤)	kg	[M]
力	牛[顿]	N(kg·m/s^2)	[MLT^{-2}]
速度	米每秒	m/s	[LT^{-1}]
加速度	米每二次方秒	m/s^2	[LT^{-2}]
密度	千克每立方米	kg/m^3	[ML^{-3}]
压力，压强，应力	帕[斯卡]	Pa(N/m^2)	[$ML^{-1}T^{-2}$]
能[量]，功，热量	焦[耳]	J(N·m)	[ML^2T^{-2}]
功率，辐[射能]通量	瓦[特]	W(J/s)	[ML^2T^{-3}]
[动力]黏度	帕[斯卡]·秒	Pa·s[kg/(m·s)]	[$ML^{-1}T^{-1}$]
运动黏度	平方米每秒	m^2/s	[L^2T^{-1}]
表面张力	牛[顿]每米	N/m(kg/s^2)	[MT^{-2}]
扩散系数	平方米每秒	m^2/s	[L^2T^{-1}]

附录二　SI 制与其他单位制的换算关系

物理量	SI 制	c. g. s 制	工程单位制	英制	
长度	1m	1×10^2cm	m	3.281ft(英尺)	39.37in(英寸)
面积	1m^2	1×10^4cm	m^2	10.76ft^2	$1.55\times10^3in^2$
体积	1m^3	1×10^6cm	m^3	35.31ft^3	$6.1\times10^4in^3$

续表

物理量	SI 制	c. g. s 制	工程单位制	英制	
质量	1kg	1×10^3g	0.102(kgf · s^2)/m	2.205lb(磅)	
力	1N(牛)	1×10^5dyn(达因)	0.102kgf	0.2248lbf	
密度	1kg/m^3	1×10^{-3}g/cm^3	0.102(kgf · s^2)/m^4	0.06243lb/ft^3	
压强	1Pa(帕)(=1N/m^2)	1×10^{-5}bar(巴)	0.102kgf/m^2	1.45×10^{-4}lbf/in^2	
能、功、热	1J(焦耳)=1N · m	1×10^7erg(尔格) 1erg=1dyn · cm	0.102kgf · m	0.7376lbf · ft	9.478×10^{-4} Btu(英热单位)
功率、传热速率	1kW (=1000J/s)	1×10^{10} erg/s	102(kgf · m)/s	737.6lbf · ft/s	0.9478Btu/s
黏度 (动力黏度)	1Pa · s	10P(泊)g/cm · s 1P=100cP	0.102 (kgf · s)/m^2	0.6719lb/ft · s	
运动黏度	1m^2/s	1×10^4 (St)cm^2/s	1m^2/s	$3.875\times10^4$$ft^2$/h	
扩散系数	1m^2/s	$1\times10^4$$cm^2$/s	3600m^2/h	$3.875\times10^4$$ft^2$/h	
表面张力	1N/m	1×10^3dyn/cm	0.102kgf/m	0.06852lbf/ft	
比热容	1J/(kg · K)	2.389×10^{-4} cal/(g · K)	2.389×10^{-4} kcal/(kg · K)	2.389×10^{-4}Btu/(lb · ℉)	
热导率	1W/(m · K)	2.389×10^{-3} cal/(cm · s · K)	2.389×10^{-4} kcal/(m · s · K)	0.5779Btu/(ft · h · ℉)	
传热系数 (给热系数)	1W/(m^2 · K)	2.389×10^{-5} cal/(cm^2 · s · K)	0.860 kcal/(m^2 · h · K)	0.176Btu/(ft^2 · h · ℉)	

注：质量

1long ton(英吨,长吨)=1.016t

1slug(斯勒格)=32.174lb

1short ton(美吨,短吨)=0.9072t

力

1N=1kg · m/s^2=1/9.81kg(力)=10^5dyn

压强

1kgf/cm^2=98100N/m^2

1atm=101325N/m^2

1mmHg=1Torr(托)=133.32N/m^2

长度

1km=0.6214mi(英里)=0.5400nmile(海里)

1mil(密耳)=0.001in

1Å(埃)=10^{-10}m

面积

1km^2=100hm^2=10000 公亩=$10^6$$m^2$

体积

1Ukgal(英加仑)=$4.54609\times10^{-3}$$m^3$

温度换算

1℃=(1F−32)/1.8

1K=1℃+273.15

附录三　水的物理性质

温度 /℃	饱和 蒸气压 p /(kN/m^2)	密度 ρ /(kg/m^3)	焓 H /(kJ/kg)	比热容 c_p /[kJ/(kg · K)]	热导率 $\lambda\times10^2$ /[W/(m · K)]	黏度 $\mu\times10^5$ /(Pa · s)	体积膨胀系数 $\beta\times10^4$ /K^{-1}	表面张力 $\sigma\times10^3$ /(N/m)	普朗特数 Pr
0	0.6082	999.9	0	4.212	55.13	179.21	−0.63	77.1	13.66
10	1.2262	999.7	42.04	4.191	57.45	130.77	0.70	75.6	9.52
20	2.3346	998.2	83.90	4.183	59.89	100.50	1.82	74.1	7.01
30	4.2474	995.7	125.69	4.174	61.76	80.07	3.21	72.6	5.42

续表

温度/℃	饱和蒸气压 p/(kN/m²)	密度 ρ/(kg/m³)	焓 H/(kJ/kg)	比热容 c_p/[kJ/(kg·K)]	热导率 $\lambda\times10^2$/[W/(m·K)]	黏度 $\mu\times10^5$/(Pa·s)	体积膨胀系数 $\beta\times10^4$/K^{-1}	表面张力 $\sigma\times10^3$/(N/m)	普朗特数 Pr
40	7.3766	992.2	167.51	4.174	63.38	65.60	3.87	71.0	4.32
50	12.3400	988.1	209.30	4.174	64.78	54.94	4.49	69.0	3.54
60	19.9230	983.2	251.12	4.178	65.94	46.88	5.11	67.5	2.98
70	31.1640	977.8	292.99	4.178	66.76	40.61	5.70	65.6	2.54
80	47.3790	971.8	334.94	4.195	67.45	35.62	6.32	63.8	2.22
90	70.1360	965.3	376.98	4.208	67.98	31.65	6.95	61.9	1.96
100	101.3300	958.4	419.10	4.220	68.04	28.38	7.52	60.0	1.76
110	143.3100	951.0	461.34	4.233	68.27	25.89	8.08	58.0	1.61

附录四　干空气的物理性质（101.325kPa）

温度 t/℃	密度 ρ/(kg/m³)	比热容 c_p/[kJ/(kg·K)]	热导率 $\lambda\times10^2$/[W/(m·K)]	黏度 $\mu\times10^5$/(Pa·s)	普朗特数 Pr
−50	1.584	1.013	2.035	1.46	0.728
−40	1.515	1.013	2.117	1.52	0.728
−30	1.453	1.013	2.198	1.57	0.723
−20	1.395	1.009	2.279	1.62	0.716
−10	1.342	1.009	2.360	1.67	0.712
0	1.293	1.009	2.442	1.72	0.707
10	1.247	1.009	2.512	1.77	0.705
20	1.205	1.013	2.593	1.81	0.703
30	1.165	1.013	2.675	1.86	0.701
40	1.128	1.013	2.756	1.91	0.699
50	1.093	1.017	2.826	1.96	0.698
60	1.060	1.017	2.896	2.01	0.696
70	1.029	1.017	2.966	2.06	0.694
80	1.000	1.022	3.047	2.11	0.692
90	0.972	1.022	3.128	2.15	0.690
100	0.946	1.022	3.210	2.19	0.688
120	0.898	1.026	3.338	2.29	0.686
140	0.854	1.026	3.489	2.37	0.684
160	0.815	1.026	3.640	2.45	0.682
180	0.779	1.034	3.780	2.53	0.681
200	0.746	1.034	3.931	2.60	0.680

续表

温度 t /℃	密度 ρ /(kg/m³)	比热容 c_p /[kJ/(kg·K)]	热导率 $\lambda\times10^2$ /[W/(m·K)]	黏度 $\mu\times10^5$ /(Pa·s)	普朗特数 Pr
250	0.674	1.043	4.268	2.74	0.677
300	0.615	1.047	4.605	2.97	0.674
350	0.566	1.055	4.908	3.14	0.676
400	0.524	1.068	5.210	3.31	0.678
500	0.456	1.072	5.745	3.62	0.687
600	0.404	1.089	6.222	3.91	0.699
700	0.362	1.102	6.711	4.18	0.706
800	0.329	1.114	7.176	4.43	0.713
900	0.301	1.127	7.630	4.67	0.717
1000	0.277	1.139	8.071	4.90	0.719

附录五　饱和水蒸气表（按温度排列）

温度 /℃	绝对压强 /kPa	水蒸气密度 /(kg/m³)	焓/(kJ/kg)		汽化热 /(kJ/kg)	温度 /℃	绝对压强 /kPa	水蒸气密度 /(kg/m³)	焓/(kJ/kg)		汽化热 /(kJ/kg)
			液体	气体					液体	气体	
0	0.6082	0.00484	0	2.491.1	2491.1	95	84.556	0.5039	397.75	2668.7	2270.5
5	0.8730	0.00680	20.94	2500.8	2479.9	100	101.33	0.5970	418.68	2677.0	2258.4
10	1.2262	0.00940	41.87	2510.4	2468.5	105	120.85	0.7036	440.03	2685.0	2245.4
15	1.7068	0.01283	62.08	2520.5	2457.7	110	143.31	0.8254	460.97	2693.4	2232.0
20	2.3346	0.01719	83.74	2530.1	2446.3	115	169.11	0.9635	482.32	2701.3	2219.0
25	3.1684	0.02304	104.67	2539.7	2435.0	120	198.64	1.1199	503.67	2708.9	2205.2
30	4.2474	0.03036	125.60	2549.3	2423.7	125	232.19	1.296	525.02	2716.4	2191.8
35	5.6207	0.03960	146.54	255.9	2412.1	130	27025	1.494	546.38	2723.9	2177.6
40	7.3766	0.05114	167.47	2568.6	2401.1	135	313.11	1.715	567.73	2731.0	2163.3
45	9.5837	0.06543	188.41	2577.8	2389.4	140	361.47	1.962	589.08	2737.7	2148.7
50	12.340	0.0830	209.34	2587.4	2378.1	145	415.72	2.238	610.85	2744.4	2134.0
55	15.743	0.1043	230.27	2596.7	2366.4	150	476.24	2.542	632.21	2750.7	2118.5
60	19.923	0.1301	251.21	2606.3	2355.1	160	618.28	3.252	675.75	2762.9	2037.1
65	25.014	0.1611	272.14	2615.5	2343.1	170	792.59	4.113	719.29	2773.3	2054.0
70	31.164	0.1979	293.08	2624.3	2331.2	180	1003.5	5.145	763.25	2782.5	2019.3
75	38.551	0.2416	314.01	2633.5	2319.5	190	1255.6	6.378	807.64	2790.1	1982.4
80	47.379	0.2929	334.94	2642.3	2307.8	200	1554.77	7.840	852.01	2795.5	1943.5
85	57.875	0.3531	355.88	2651.1	2295.2	210	1917.72	9.567	897.23	2799.3	1902.5
90	70.136	0.4229	376.81	2659.9	2283.1	220	2320.88	11.60	942.45	2801.0	1858.5

续表

温度/℃	绝对压强/kPa	水蒸气密度/(kg/m³)	焓/(kJ/kg)		汽化热/(kJ/kg)	温度/℃	绝对压强/kPa	水蒸气密度/(kg/m³)	焓/(kJ/kg)		汽化热/(kJ/kg)
			液体	气体					液体	气体	
230	2798.59	13.98	988.50	2800.1	1811.6	310	9877.96	55.59	1378.71	2680.0	1301.3
240	3347.91	16.76	1034.56	2796.8	1761.8	320	11300.3	65.95	1436.07	2468.2	1212.1
250	3977.67	20.01	1081.45	2790.1	1708.6	330	12879.6	78.53	1446.78	2610.5	1116.2
260	4693.75	23.82	1128.76	2780.9	1651.7	340	14615.8	93.98	1562.93	2568.6	1005.7
270	5503.99	28.27	1176.91	2768.3	1591.4	350	16538.5	113.2	1636.20	2516.7	880.5
280	6417.24	33.47	1225.48	2752.0	1526.5	360	18667.1	139.6	1729.15	2442.6	713.0
290	7443.29	39.60	1274.46	2732.3	1457.4	370	21040.9	171.0	1888.25	2301.9	411.1
300	8592.94	46.93	1325.54	2708.0	1382.5	374	2070.9	322.6	2098.00	2098.0	0

附录六　101.325kPa时乙醇-水溶液的平衡数据

温度 t /℃	液体乙醇摩尔分数/%	蒸气乙醇摩尔分数/%	温度 t /℃	液体乙醇摩尔分数/%	蒸气乙醇摩尔分数/%
99.9	0.004	0.053	82.5	23.51	54.80
99.5	0.12	1.03	82.0	27.32	56.44
99.0	0.31	3.725	81.5	31.47	58.11
98.75	0.39	4.20	81.0	36.98	60.2
97.65	0.79	8.76	80.5	43.17	62.52
96.65	1.19	12.75	80.0	50.16	65.43
95.8	1.61	16.34	79.75	54.00	66.92
94.95	2.01	18.68	79.5	61.02	70.29
94.15	2.43	21.45	79.4	62.52	70.63
93.35	2.86	23.96	79.3	64.05	71.86
92.6	3.29	26.21	79.2	65.64	72.71
91.3	4.16	29.92	79.1	67.27	73.61
90.5	5.07	33.06	78.95	68.92	74.69
89.0	6.46	36.93	78.85	70.63	75.82
88.0	6.86	38.06	78.75	72.63	76.93
87.0	8.92	42.09	78.6	75.99	79.26
86.2	10.48	44.61	78.5	77.88	80.42
85.0	13.19	48.08	78.4	79.82	81.83
84.5	14.95	49.77	78.3	81.83	83.25
84.2	16.15	50.78	78.27	83.87	84.91
83.5	18.68	52.43	78.2	85.97	86.40
83.3	20.00	53.09	78.17	88.18	88.18
82.78	22.07	54.12	78.15	89.41	89.41

附录七 101.325kPa 时乙醇-水溶液的蒸气焓

蒸气中乙醇质量分数 /%	冷凝温度 t/℃	比定压热容 c_p/[kcal/(kg·℃)]	液体焓 H/(kcal/kg)	混合物汽化焓 r/(kcal/kg)	蒸气焓 /(kcal/kg)
0	100.0	1.1	100.0	539	639.0
5	99.4	1.02	101.4	522	623.4
10	98.4	1.03	101.8	505	606.8
15	98.2	1.03	101.1	488	589.1
20	97.6	1.03	100.5	471	571.5
25	97.0	1.035	100.4	454.5	554.9
30	96.0	1.04	99.8	438	537.8
35	95.3	1.02	97.2	421	518.2
40	94.0	1.01	94.9	404	498.9
45	93.2	0.98	91.3	388	479.3
50	91.9	0.96	88.2	371	459.2
55	90.6	0.94	85.2	354.5	439.7
60	89.0	0.92	81.9	388	419.9
65	87.0	0.89	77.1	321.5	398.6
70	85.1	0.86	73.2	305	378.2
75	82.8	0.82	67.9	289	356.9
80	80.8	0.77	62.1	273	335.1
85	79.6	0.75	59.7	256	315.7
90	78.7	0.72	56.7	238	294.7
95	78.2	0.68	53.2	221	274.2
100	78.3	0.64	50.1	204	254.1

附录八 几种气体溶于水的亨利系数

气体	温度/℃											
	0	5	10	15	20	25	30	35	40	45	50	60
	$E\times10^{-2}$/MPa											
CO_2	0.74	0.89	1.05	1.24	1.44	1.66	1.88	2.12	2.36	2.60	2.87	3.45

续表

气体	温度/℃											
	0	5	10	15	20	25	30	35	40	45	50	60
$E\times10^{-2}$/MPa												
H_2S	0.271	0.319	0.372	0.418	0.489	0.552	0.617	0.685	0.755	0.825	0.895	1.040
C_2H_2	0.73	0.85	0.97	1.09	1.23	1.35	1.48					
C_2H_4	5.58	6.61	7.78	9.07	10.30	11.50	12.90					
E/MPa												
SO_2	1.67	2.02	2.45	2.94	3.55	4.13	4.85	5.67	6.60	7.63	8.71	11.10

参 考 文 献

[1] 朱家骅，叶世超，夏素兰，等．化工原理：上册 [M]. 北京：科学出版社，2014.
[2] 叶世超，夏素兰，易美桂，等．化工原理：下册 [M]. 北京：科学出版社，2014.
[3] 程远贵，余徽，吴潘，等．化工原理实验 [M]. 成都：四川大学出版社，2016.
[4] 王雅琼，许文林．化工原理实验 [M]. 北京：化学工业出版社，2004.
[5] 吕维忠，刘波，罗忠宽，等．化工原理实验技术 [M]. 北京：化学工业出版社，2007.
[6] 都健．化工原理实验 [M]. 大连：大连理工大学出版社，2005.
[7] 张金利，郭翠梨，胡瑞杰，等．化工原理实验 [M]. 天津：天津大学出版社，2016.
[8] 张金利，郭翠梨．化工基础实验 [M]. 北京：化学工业出版社，2006.
[9] 顾静芳，陈桂娥．化工原理实验 [M]. 北京：化学工业出版社，2015.
[10] 任俊英，刘洋．热工仪表测量与调节 [M]. 北京：北京理工大学出版社，2014.
[11] 居沈贵，夏毅，武文良．化工原理实验 [M]. 2 版．北京：化学工业出版社，2020.
[12] 马江权，魏科年，韶晖，等．化工原理实验 [M]. 上海：华东理工大学出版社，2016.
[13] 史贤林，张秋香，周文勇，等．化工原理实验 [M]. 上海：华东理工大学出版社，2017.
[14] 王春蓉．化工原理实验 [M]. 北京：化学工业出版，2020.